westermann

Dieter Jagla, Harald Wickert

Schutzmaßnahmen

8. Auflage

AF833518

Bestellnummer 222566

Die in diesem Produkt gemachten Angaben zu Unternehmen (Namen, Internet- und E-Mail-Adressen, Handelsregistereintragungen, Bankverbindungen, Steuer-, Telefon- und Faxnummern und alle weiteren Angaben) sind i. d. R. fiktiv, d. h., sie stehen in keinem Zusammenhang mit einem real existierenden Unternehmen in der dargestellten oder einer ähnlichen Form. Dies gilt auch für alle Kunden, Lieferanten und sonstigen Geschäftspartner der Unternehmen wie z. B. Kreditinstitute, Versicherungsunternehmen und andere Dienstleistungsunternehmen. Ausschließlich zum Zwecke der Authentizität werden die Namen real existierender Unternehmen und z. B. im Fall von Kreditinstituten auch deren IBANs und BICs verwendet.

Druck und Bindung: Westermann Druck GmbH, Georg-Westermann-Allee 66, 38104 Braunschweig

ISBN 978-3-14-222566-1

Vorwort

Der Bereich zu den Schutzmaßnahmen erstreckt sich über viele Ausbildungsberufe in Industrie und Handwerk, insbesondere die Elektro- und Metallberufe. Diesem breiten Einsatzbereich versucht das Buch gerecht zu werden.

Die Unterteilung erfolgt in die Bereiche

- Personenschutz,
- Anlagenschutz und
- Geräteschutz.

Wichtige Sachverhalte werden als Merksätze in rot und Beispielaufgaben in blau unterlegten Abschnitten kenntlich gemacht. Zur Festigung des Wissens sind den einzelnen Kapiteln Fragen angehängt.

Die technischen Sachverhalte werden durch Fotos, Diagramme, Schaltungen, Tabellen und strukturierte Übersichten verdeutlicht.

Spannungsprüfung

Schutzleiterprüfung

Messen der Schleifenimpedanz

Prüfen der RCD-Einrichtung

1 Personenschutz

1.1 Gefahren des elektrischen Stromes

Tod auf Gartenparty

... Auf einer Gartenparty stellte ein Jugendlicher eine Stehleuchte neben den Gartentisch. Über eine Verlängerungsleitung wurde die Lampe an das Netz angeschlossen. Als er die Lampe näher an den Tisch stellte und einschaltete, fiel er tot zu Boden....

1. Fehler:

Der Schutzleiter, der mit dem Metallgehäuse verbunden sein sollte, hatte sich beim Bewegen der Leuchte aus der Verschraubung gelöst. ①

2. Fehler:

Die scharfe Innenkante des Gewindenippels, der in die Fassung eingeschraubt war, hatte die Isolierung des Leiters beschädigt ②. Der Spannung führende Leiter kam mit dem Metallgehäuse in Berührung.

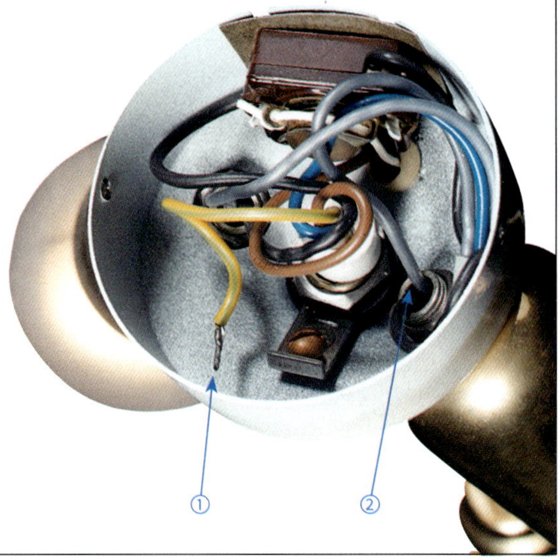

Wie kommt es zu einem Stromschlag?

Zur Erklärung verwenden wir den Stromlaufplan der fehlerhaften Leuchte nach Abb. 1. Dort ist eine Person dargestellt, die das Metallgehäuse berührt. Infolge eines Isolationsfehlers ③ steht das Gehäuse unter Spannung. Im entstehenden Fehlerstromkreis liegen jetzt einige Widerstände, die die Größe des Fehlerstromes (Körperstrom I_K) beeinflussen.

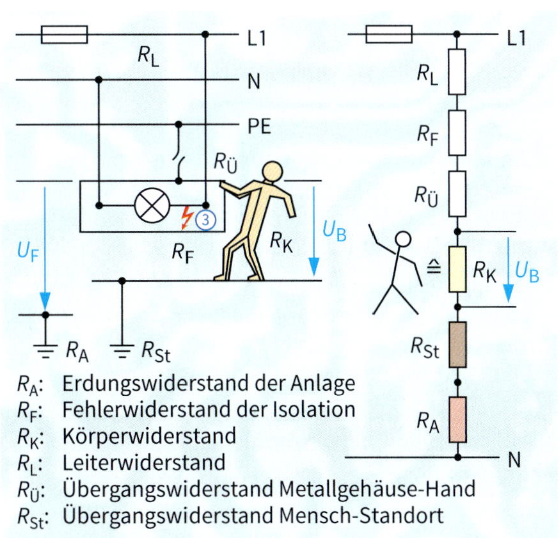

1: Ersatzschaltbilder im Fehlerfall

Eine weitere Einflussgröße auf den Körperstrom ist die Berührungsspannung U_B. Sowohl in der Stehleuchte als auch bei der Lampe beträgt die Berührungsspannung 230 V. Der zu hohe Körperstrom löste den tödlichen Stromschlag aus.

Aus folgender Darstellung können wir ablesen, von welchen Größen der Körperstrom I_K abhängt.

Diese Größen beeinflussen den Körperstrom:

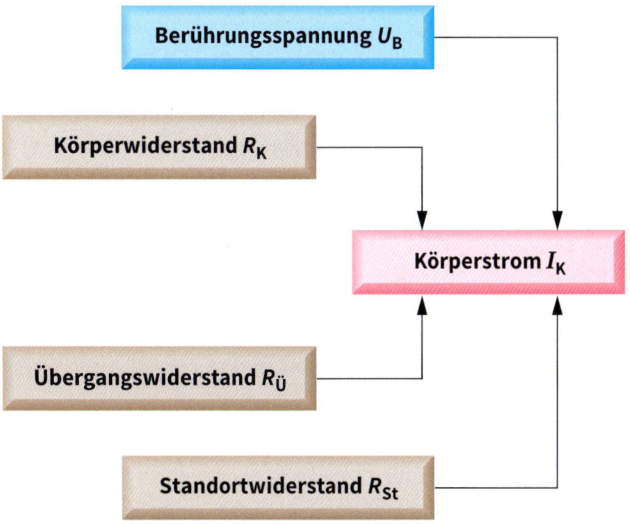

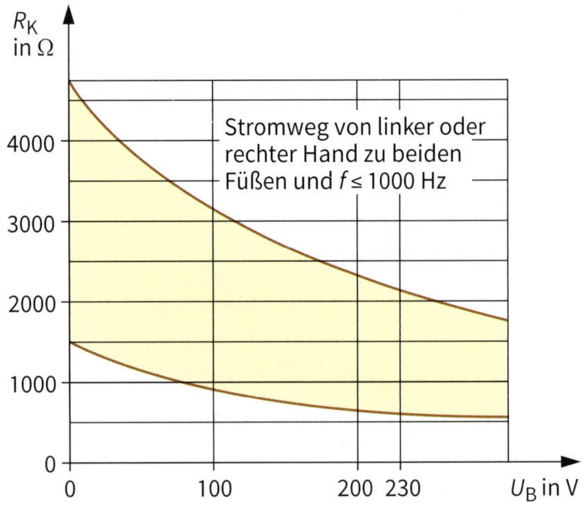

1: Körperwiderstand R_K in Abhängigkeit von U_B (Bereich für mögliche Körperwiderstände)

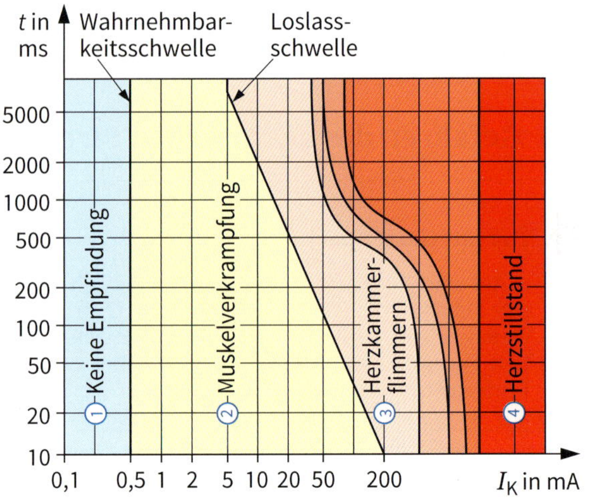

2: Stromstärkebereiche bei Wechselstrom (50 Hz)

Durch Untersuchungen wurde festgestellt, dass der Körperwiderstand R_K auch von der Höhe der **Berührungsspannung U_B** abhängt. Wird die Berührungsspannung größer, dann verkleinert sich der Widerstand des menschlichen Körpers (Abb. 1). Der Körperstrom I_K wird dann größer und die Gefährdung des Menschen nimmt damit zu. Eine wichtige Einflussgröße ist dabei der Weg des Stromes durch den menschlichen Körper.

Physiologische Wirkungen (Abb. 2)

Fließt ein Strom durch den menschlichen Körper, dann sind folgende physiologische Wirkungen bemerkbar.

- Kleinere Stromstärken (< 0,5 mA), die nur als **leichtes Kribbeln** ① bemerkt werden, wirken sich bereits gesundheitsschädlich aus.
- Größere Stromstärken (> 0,5 mA) lösen **Muskelverkrampfungen** ② aus. Das fehlerhafte Gerät aus Metall kann nicht mehr losgelassen werden (Loslassschwelle bei ca. 5 mA).
- Stromstärken ab etwa 30 mA können zu **Herzkammerflimmern** ③ mit anschließendem **Herzstillstand** ④ führen. An den Berührungsstellen treten Verbrennungen auf.
- Auch kurze Stromeinwirkungen („Wischer") können zu **Folgeschäden** (z. B. Sturz von der Leiter) führen.

Neben den oben genannten Wirkungen gibt es noch weitere Wirkungen.

Die **Wärmewirkung** führt zu

- Strommarken an den Eintrittsstellen,
- Gerinnung des Bluteiweiß und
- Platzen der roten Blutkörperchen.

Die **chemische Wirkung** bewirkt

- Zersetzung der Zellflüssigkeit und
- eventuellen späteren Tod durch Vergiftung.

Einwirkungszeit und Körperstrom

In Abb. 2 sind die unterschiedlichen Wirkungen des elektrischen Stromes in Abhängigkeit von den einzelnen Stromstärken dargestellt. Daran können Sie je nach Größe der Stromstärke und Einwirkungszeit die Art der Gefährdung ablesen. Bei längerer Einwirkungszeit kann bereits ein kleinerer Körperstrom für Menschen und Tiere gefährlich sein, weil er zu Herzkammerflimmern bzw. Herztod führt.

Die aufgezählten Wirkungen werden weiterhin durch

- **Körperbau** wie Größe und Gewicht,
- **Hautbeschaffenheit** (feucht oder trocken) und
- **körperliche Verfassung** beeinflusst.

Auch die Kleidung, besonders die Qualität des Schuhwerks, spielt eine wichtige Rolle. Sie beeinflusst den Übergangswiderstand $R_Ü$.

- Ein Körperstrom von 50 mA führt bei einer Einwirkungszeit von 1 s zum Tod durch Herzstillstand.

Aufgaben

1. Laut Untersuchungen besteht für 95 % aller Menschen bei der Spannung 230 V und ungünstigstem Stromfluss durch den Körper ein Gesamtwiderstand $R_K + R_Ü \approx 2100\ \Omega$. Wie groß ist I_K?

2. Welche gesundheitlichen Folgen können sich nach Abb. 2 ergeben, wenn bei der berechneten Stromstärke von Aufgabe 1 die Einwirkungszeit t
a) 50 ms; b) 100 ms; c) 500 ms beträgt?

3. Stellen Sie die Einflussgrößen zusammen, die sich auf Körper- und Übergangswiderstand auswirken!

4. Beschreiben Sie drei Wirkungen auf den menschlichen Körper, die bei den Stromstärken 0,4 mA, 1,2 mA und 55 mA auftreten können! Die Einwirkungszeit beträgt 0,2 s.

1.2 Fehlerstromkreis

Gehen wir von folgendem Fehlerfall aus. An einem Elektrogerät entsteht durch einen Isolationsfehler ein Körperschluss, also eine leitende Verbindung zwischen dem Spannung führenden Leiter und dem Gehäuse. Die Netzspannung des Außenleiters L1 liegt an dem Metallgehäuse. Die Sicherung löst nicht aus, weil der Schutzleiter unterbrochen oder nicht angeschlossen ist. Wie fließt jetzt der Strom, wenn eine Person das Gehäuse berührt?

Zwischen Gehäuse und Erde (Bezugserde) besteht eine **Fehlerspannung U_F** (Abb. 3). Über den Standort des fehlerhaften Elektrogerätes fließt als Folge der Fehlerspannung ein **Fehlerstrom I_F** zum Betriebserder R_A der Anlage.

Wie verläuft der Fehlerstrom?

Der Fehlerstrom entsteht durch einen Isolationsfehler. Dabei durchfließt I_F eine Reihe von Widerständen. Der jeweilige Stromweg für I_F und I_K wird in den beiden Ersatzschaltbildern verdeutlicht.

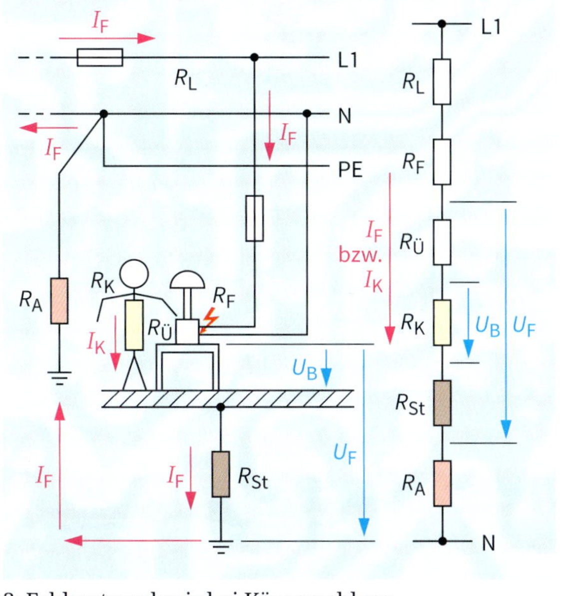

3: Fehlerstromkreis bei Körperschluss

- **Fehlerspannung U_F** ist die Spannung, die bei einem Isolationsfehler, z. B. Körperschluss, zwischen Gehäuse und Erde auftritt.
- **Berührungsspannung U_B** ist die von einer Person überbrückte Fehlerspannung.
- **Fehlerstrom I_F** ist der Strom, der durch einen Isolationsfehler und die anstehende Fehlerspannung zum Fließen kommt.
- **Körperstrom I_K** ist der Strom, der durch einen Isolationsfehler und bei überbrückter Berührungsspannung durch den menschlichen Körper fließt.

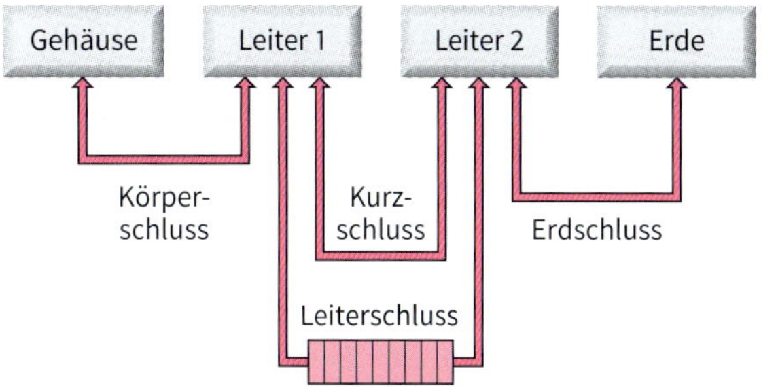

4: Fehlerarten

Mögliche Fehler in einer Anlage

Außer Körperschluss (direkte Verbindung zwischen Gehäuse und Leiter) können andere Fehler in einer Anlage dazu führen, dass ein Fehlerstromkreis entsteht und ein Fehlerstrom fließt. In Abb. 4 sind die verschiedenen **Fehlerarten** schematisch dargestellt. Die fehlerhafte Verbindung wird jeweils durch den Doppelpfeil gekennzeichnet.

Kurzschluss ist ein Fehler, bei dem sich zwei unter Spannung stehende Leiter, z. B. die Außenleiter L1 und L2, berühren. Bei dieser Verbindung fließt ein sehr großer Strom, der als Kurzschlussstrom bezeichnet wird.

Beispiel: Überbrückung von zwei Stromschienen in einer Verteilung.

Ein **Erdschluss** entsteht, wenn zwischen einem Spannung führenden Leiter und dem geerdeten Anlagenteil eine leitende Verbindung besteht.

Beispiel: Freileitung (L1) reißt und fällt zu Boden.

Bei einem **Leiterschluss** wird ein Teil des Nutzwiderstandes (Widerstand des Verbrauchers) überbrückt.

Beispiel: Ein Teil des Heizwiderstandes, z. B. in einem Toaster, wird durch Beschädigung der Isolierung überbrückt.

- Schutzleiter müssen am Metallgehäuse eines Gerätes angeschlossen werden, damit im Fehlerfall der Fehlerstrom die Abschaltung auslöst.

Aufgaben

1. Beschreiben Sie die Fehlersuche an einer Tischleuchte mit Metallfuß, bei der beim Einschalten die Sicherung auslöst!
2. Erklären Sie den Unterschied zwischen Kurzschluss und Erdschluss!
3. Zeichnen Sie den Fehlerstromkreis mit den Widerständen bei Kurzschluss! Tragen Sie die Pfeile für U_F und I_F in die Schaltung ein!
4. Warum fließt beim Fehler „Kurzschluss" im Vergleich zu den anderen Fehlerarten der größte Strom?

1.3 Sicherheitsregeln beim Arbeiten an elektrischen Anlagen

Wenn Handwerker an bestimmten Arbeitsstellen tätig sind, müssen Regeln beachtet werden. Für die Elektrofachkraft gelten bestimmte **Vorschriften** (**UVV**, **VDE**) und **Normen** (**DIN**).

Vielleicht haben Sie Situationen erlebt, in denen auf bestimmte Vorschriften, z. B. „Betrieb von elektrischen Anlagen“ (vgl. DIN VDE 0105-100), hingewiesen wurde.

Beim Arbeiten in Anlagen ist deshalb die Einhaltung von Vorschriften und Regeln lebenswichtig auch mit Rücksicht auf Mitarbeiter, die in der Anlage arbeiten.

Unfallverhütungsvorschrift

Die Unfallverhütungsvorschrift mit der Bezeichnung **Elektrische Anlagen und Betriebsmittel (DGUV Vorschrift 3)** wird von der Berufsgenossenschaft der Feinmechanik und Elektrotechnik herausgegeben. Sie ist für alle im Betrieb tätigen Personen verbindlich. Neben anderen Vorschriften enthält sie die für den Facharbeiter sehr wichtigen **fünf Sicherheitsregeln.**

Messkreiskategorien (CAT) für Niederspannungsmessgeräte

Messgeräte sind je nach Einsatzort in vier Messkreiskategorien (vgl. DIN EN 61010-1) eingeteilt. Je höher die Kategoriezahl desto höher sind aufgrund des Stromversorgungssystems die auftretende Leistung und eine hohe Stromstärke, z. B. bei Überspannung oder Blitzeinschlag.

- **CAT I**: Stromkreise mit Schutz gegen Überspannungen, z. B. mit elektronischen Geräten ...
- **CAT II**: Wechselstrom-Steckdosenstromkreise, z. B. für Werkzeuge ...
- **CAT III**: Stromkreise, z. B. für Drehstrommotoren ...
- **CAT IV**: Stromkreise des Versorgungsnetzes, z.B. Zählerabgänge ...

- Die fünf Sicherheitsregeln müssen in vorgeschriebener Reihenfolge durchgeführt werden.
- Nach Abschluss der Arbeiten sind die Sicherheitsregeln in umgekehrter Reihenfolge aufzuheben.
- In Anlagen bis 1000 V entfällt die 4. Regel, wenn Regeln eins bis drei eingehalten werden.

5 Sicherheitsregeln

1. Freischalten
Das Anlagenteil muss allpolig und allseitig abgeschaltet werden.

2. Gegen Wiedereinschalten sichern
Nur die an der Anlage tätigen Personen dürfen das betreffende Anlagenteil wieder in Betrieb nehmen.

3. Spannungsfreiheit feststellen
Durch Messung mit Messgerät oder zweipoligem Spannungsprüfer vergewissern, dass keine Spannung gegen Erde am betreffenden Anlagenteil vorhanden ist.

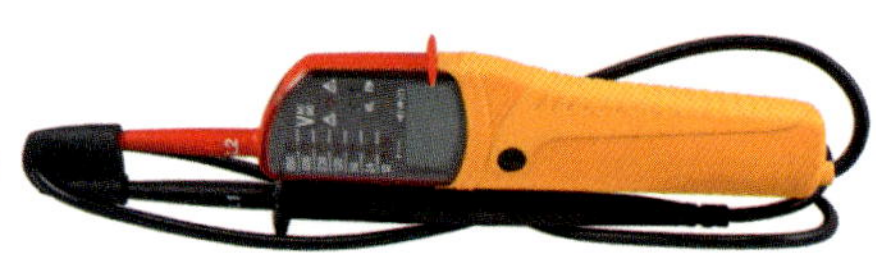

4. Erden und Kurzschließen[1]
Von der Erdungsklemme ausgehend alle Leiter untereinander verbinden.

5. Benachbarte, unter Spannung stehende Teile abdecken oder abschranken
Durch Abdecken, Abschranken oder Isolieren von Spannung führenden Anlagenteilen soll verhindert werden, dass diese Teile berührt werden können.

[1] In Anlagen mit Bemessungsspannungen bis 1 kV darf unter bestimmten Umständen hiervon abgewichen werden (vgl. DIN VDE 0105-100, Punkt 6.2.5.1).

Arbeiten unter Spannung

Unter Spannung kann nur unter folgenden Bedingungen gearbeitet werden:

- Es darf keine Brand- oder Explosionsgefahr bestehen.
- Es dürfen keine ungünstigen Witterungsbedingungen bestehen (z. B. hohe Luftfeuchtigkeit).

Für die in der Anlage arbeitende Elektrofachkraft und das verwendete Werkzeug gelten folgende Voraussetzungen:

- Die Elektrofachkraft muss eine auf die Tätigkeit bezogene Ausbildung besitzen, z. B. für Wartungs- und Instandsetzungsarbeiten an elektrischen Anlagen und Betriebsmitteln.
- Während der Arbeit muss die vorgeschriebene Schutzausrüstung getragen werden (vgl. Kap. 1.13).
- Mit der Stromzange (Abb. 1) kann bei Betrieb in der elektrischen Anlage gemessen werden.
- Das Werkzeug und die Schutzausrüstung müssen regelmäßig überprüft werden.
- Der Arbeitsverantwortliche erteilt der ausführenden Person spezielle Anweisungen.

1: Messung mit digitaler Stromzange

Maßnahmen vor Wiedereinschalten nach beendeter Arbeit in der Anlage in folgender Reihenfolge:

1. Werkzeug und Hilfsmittel entfernen.
2. Gefahrenbereich verlassen.
3. Kurzschließen und Erdung zuerst an der Arbeitsstelle, dann an den übrigen Stellen entfernen.
4. Anlagenteile und Leitungen ohne Erdungsseil dürfen nicht berührt werden.
5. Entfernte Schutzverkleidungen und Sicherheitsschilder wieder anbringen.
6. Schutzmaßnahmen an den Schaltstellen erst nach Freimeldung von den Arbeitsstellen aufheben.

Arbeiten in der Nähe unter Spannung stehenden Anlagenteile

Hierbei handelt es sich um Arbeiten in Anlagen, bei denen Personen mit Körperteilen, Werkzeug oder anderen Gegenständen in die Annäherungszone (z. B. blanke Leiterschienen) gelangen können. Die Gefahrenzone wird dabei nicht erreicht (Abb. 2).

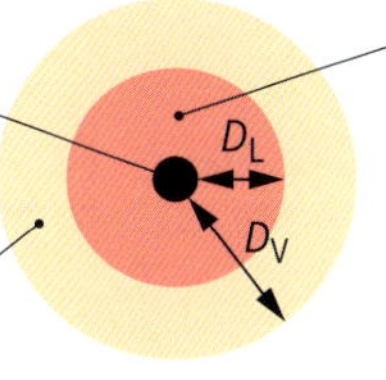

2: Annäherungs- und Gefahrenzone

Annäherungszone (D_V - D_L)

Diese Zone hängt von der Bemessungsspannung U_N ab. Sie wird begrenzt durch den Abstand D_V von unter Spannung stehenden Anlagenteilen. Dabei müssen alle unter Spannung stehenden Teile sicher abgedeckt werden (vgl. Sicherheitsregel 5).

Arbeiten von Elektro-Nichtfachkräften innerhalb der Annäherungszone dürfen nur unter Aufsicht von Elektrofachkräften durchgeführt werden.

Gefahrenzone

Sie ist der Bereich, der durch den Abstand D_L begrenzt wird. Darin dürfen keine Arbeiten vorgenommen werden.

Eine Auswahl von Richtwerten für die Abstände D_V und D_L sind in der Tabelle definiert.

Bemessungsspannung U_N in kV	Mindestabstände in Luft	
	D_V in mm	D_L in mm
≤ 1	300	–
6	1120	90
10	1150	120
20	1220	220
110	2000	1000

Besondere Anforderungen

- Die Elektrofachkraft muss eine Zusatzqualifikation besitzen.
- Der Arbeitsverantwortliche muss vor Ort die Arbeitenden einweisen und beaufsichtigen.
- Die Arbeitsstelle muss nach außen durch Abschrankungen und Schilder erkennbar sein.

1.4 Maßnahmen zur Hilfe bei Stromunfällen und Bränden

Da sich der gesundheitliche Schaden mit zunehmender **Einwirkungszeit des Stromes** auf den menschlichen Körper erhöht, müssen beim Stromunfall unverzüglich folgende Maßnahmen ergriffen werden:

Erste Hilfe nach Notfallsituation

Spannung abschalten.

↓

Verunglückten aus dem Gefahrenbereich bringen.

↓

Arzt oder Rettungsdienst rufen.

↓

Verletzung feststellen.

↓

Bei Atmung Verunglückten in stabile Seitenlage bringen.

Bei Atem- oder Kreislaufstillstand Atemspende oder Herzmassage veranlassen.

↓

Bei Schock Verunglückten in Schocklage bringen.

Um sich bei Unfällen richtig zu verhalten, ist eine Unterweisung in Erste Hilfe zu empfehlen.

Brände gefährden nicht nur Menschen sondern können auch Anlagen beschädigen oder zerstören.

Ursachen für Brände können sein:

- **Überlastung** von Leitungen und damit Erwärmung und
- **Kurzschlüsse** mit Lichtbogen.

Regeln zur Brandlöschung

Löschmittel in Windrichtung, von vorne und von unten in die Flammen sprühen.

↓

Die sich bildende Wolke des Löschmittels über die Flammen ziehen.

↓

Das Löschmittel sparsam dosieren, evtl. Reserve für Wiederentflammen bereit halten.

↓

In Brand geratene Kleidung nur mit Löschdecken oder Wasser löschen.

Beispiel: Durch einen Lichtbogen ist es in einer elektrischen Anlage zu einem Brand mit einem Unfall gekommen. Sie sollten sich dann wie folgt verhalten:

- Betroffenes Anlagenteil abschalten.
- Verunglückten bergen.
- Brand mit Decken ersticken bzw. löschen.
- Elektrofachkraft genehmigt die Freigabe oder das Wiedereinschalten der Anlage (vgl. Kap. 1.11).

Je nach Einteilung der Stoffe in **Brandklassen** gelten für die Löschung folgende zugelassenen Löschmittel:

Klasse	Brennbares Material	Löschmittel
 A	organische Stoffe, z. B. Holz, Kohle, Textilien	W, S, PG
 B	flüssige Stoffe, z. B. Benzin, Öle, Fette, Lacke	S, PG, P, K, HA
 C	Gase, z. B. Propangas, Erdgas, Wasserstoff	PG, P, HA

Bedeutung der Löschmittel: W; Wasser; S: Schaum; PG: Glutbrandpulver; P: Pulver; K: Kohlenstoff; HA: Halon

Aufgaben

1. Ein Arbeitskollege hat einen Stromunfall erlitten. Wie können Sie helfen?
2. Durch einen Kurzschluss ist in einer Anlage ein Brand entstanden.
   Wie verhalten Sie sich?
3. Welche Löschmittel dürfen verwendet werden, wenn organische Stoffe wie z. B. Holz in Brand geraten sind?

1.5 Spannungsbereiche und Schutzklassen

Das Arbeiten in elektrischen Anlagen und der Umgang mit elektrischen Betriebsmitteln schafft viele Situationen, in denen Personen gefährdet sein können. Eine Größe, die eine Gefährdung von Menschen und Nutztieren darstellt, ist die **Spannungshöhe.** Dieser Sachverhalt wurde bereits angesprochen. Wir wollen hier näher darauf eingehen.

Spannungen werden in zwei **Spannungsbereiche** unterteilt, nach denen Anlagen mit Wechselspannung oder Gleichspannung betrieben werden. Für geerdete Netze gelten laut DIN VDE 0100-410 folgende Werte.

Wechselspannung	Gleichspannung
Spannungsbereich I Signal-, Klingel- und Fernmeldeanlagen Meldestromkreise	
$U \leq 50$ V Außenleiter gegen Erde; zwischen zwei Leitern	$U \leq 120$ V Leiter gegen Erde; zwischen beiden Leitern
Spannungsbereich II Anlagen der Hausinstallation, des Gewerbes und der Industrie	
50 V < $U \leq 600$ V Außenleiter gegen Erde	120 V < $U \leq 900$ V Leiter gegen Erde
50 V < $U \leq 1$ kV zwischen den Außenleitern	120 V < $U \leq 1{,}5$ kV zwischen zwei Leitern

Auch im Spannungsbereich I können sich gefährliche Situationen ergeben. Der niedrige Stromfluss durch den Körper, der die Wahrnehmungsschwelle übersteigt, kann zu Schreckunfällen führen.

Besondere Vorsicht ist geboten, wenn die **Berührungsspannung** größer als 50 V AC bzw. 120 V DC wird. Dann müssen vor Beginn des Arbeitens die fünf Sicherheitsregeln unbedingt beachtet werden.

Leitungsverlegung bei verschiedenen Spannungen
Eine Möglichkeit besteht darin, Leiter oder Kabel von Stromkreisen mit verschiedenen Spannungen, wie z. B. 24 V (Busleitung) und 400/230 V, durch eine geerdete Metallumhüllung zu trennen. Bei Isolationsfehlern kann es dann zu keiner gefährlichen Berührung unter den Leitern kommen. Eine andere Möglichkeit besteht darin, Leitungen in getrennten Bereichen des Elektroinstallationskanals oder in einzelnen Elektroinstallationsrohren zu verlegen.

Personenschutz in Anlagen und bei Geräten
Für den **Personenschutz** werden in Anlagen drei Arten von Schutzmaßnahmen (vgl. Kap. 1.6) eingesetzt. Sie sollen Menschen und Tiere vor elektrischem Schlag schützen. Der **Personenschutz bei Geräten** wird durch die Schutzklasse für das einzelne Gerät ausgewiesen.

Die Angabe, z. B. Schutzklasse II (Doppelte oder verstärkte Isolierung, frühere Bezeichnung: Schutzisolierung), besagt, wie bei dem Gerät der Schutz gegen elektrischen Schlag durch die Bauweise gewährleistet ist.

Elektrische Betriebsmittel müssen eine Schutzklasse besitzen. Diese wird durch ein besonderes Symbol gekennzeichnet. Beim Anschluss eines Gerätes muss auf diese Kennzeichnung geachtet werden.

- Die höchstzulässigen Berührungsspannungen betragen beim Menschen und bei Tieren 50 V AC, 120 V DC.

Schutzklasse I Schutzmaßnahme mit Schutzleiter 	Betriebsmittel mit Metallgehäuse, z. B. Elektromotoren
Schutzklasse II Doppelte oder verstärkte Isolierung (Schutzisolierung) 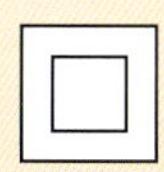	Betriebsmittel mit Kunststoffgehäuse, z. B. elektrische Handbohrmaschinen
Schutzklasse III Kleinspannung 	Betriebsmittel mit Bemessungsspannungen bis 50 V AC und 120 V DC, z. B. elektrische Handleuchten, elektrische Geräte in landwirtschaftlichen Betrieben

Aufgaben

1. Auf welche Anlagen müssen die Spannungsbereiche I und II angewendet werden? Nennen Sie jeweils drei Beispiele!
2. Auf welchen Wert ist die höchstzulässige Berührungsspannung bei Wechselstrom festgelegt? Erklären Sie, warum bei Einhaltung dieses Wertes eine Gefährdung vermindert wird!
3. Eine Busleitung (12 V DC) und eine Energieleitung sollen in einem Elektroinstallationskanal verlegt werden. Unter welchen Bedingungen ist dies möglich?
4. Beschreiben Sie, wie der Personenschutz an Geräten gewährleistet wird!
5. Geben Sie die Schutzklassen an, nach denen folgende Elektrogeräte gebaut sein müssen: Spielzeugtransformator, Handbohrmaschine, Bügeleisen, elektrischer Rasierapparat, Toaster, elektrischer Rasenmäher.

1.6 Übersicht zu den Schutzmaßnahmen

Körperströme können lebensgefährliche Auswirkungen auf Menschen und Tiere haben.

Durch Schutzmaßnahmen muss deshalb versucht werden, Körperströme in einem Fehlerfall zu verhindern.

Es gibt verschiedene Schutzmaßnahmen, die in der DIN VDE 0100 beschrieben sind, z.B. in

- Teil 410: Schutz gegen elektrischen Schlag und
- Teil 710: Anforderungen für Betriebsstätten, Räume und Anlagen besonderer Art – Medizinisch genutzte Bereiche.

Die folgenden Schutzmaßnahmen gewährleisten Personenschutz. Sie schützen vor elektrischem Schlag im Fehlerfall.

Basisschutz und Fehlerschutz (Schutz bei Berühren)
- SELV
- PELV

→ **Ausschluss** eines Stromschlags

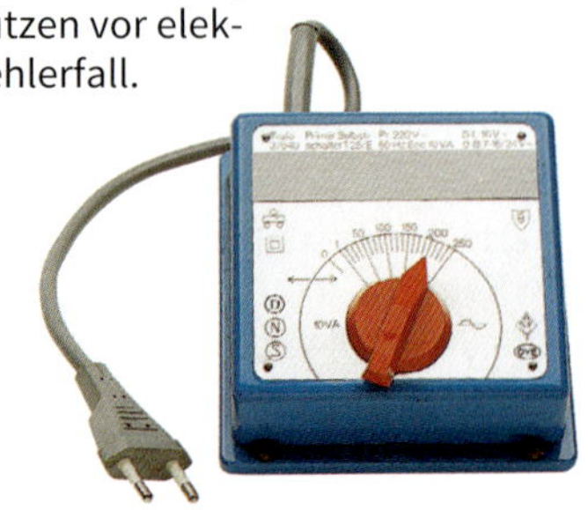

Basisschutz (Schutz gegen direktes Berühren)
- Isolierung
- Abdeckung
- Hindernisse

→ **Berühren** von Spannung führenden Teilen wird verhindert.

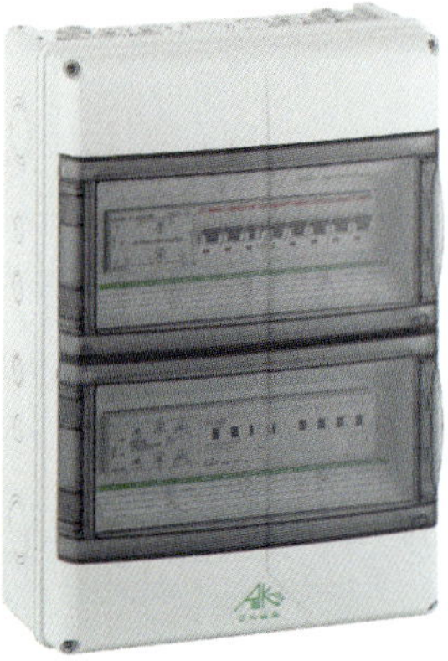

Fehlerschutz (Schutz bei indirektem Berühren)
- Doppelte oder verstärkte Isolierung
- Schutzpotenzialausgleich und Schutzerdung
- Nicht leitende Umgebung
- Schutztrennung

→ **Entstehen** einer gefährlichen Berührungsspannung wird ausgeschlossen.

Fehlerschutz (Schutz bei indirektem Berühren)

Abschaltung im
- TN-System
- TT-System
- IT-System

→ **Bestehenbleiben** einer gefährlichen Berührungsspannung wird verhindert.

1.7 Basisschutz und Fehlerschutz

Wir beginnen mit dem Schutz, der für Menschen und Nutztiere die **höchste Sicherheit** bietet.

Dazu folgendes Beispiel:
In einem Betrieb müssen in feuchten Bereichen, die teilweise unter Wasser stehen, Reparaturarbeiten durchgeführt werden. Dafür wird eine elektrische Beleuchtung benötigt.

Spannung für feuchte Bereiche
Bei einem Isolationsfehler an einer Leuchte könnte eine Person direkt einen Spannung führenden Leiter berühren. Wird diese Leuchte mit der Bemessungsspannung 230 V betrieben, entsteht eine lebensbedrohliche Gefahr durch elektrischen Schlag. Um beim Arbeiten, auch bei direktem Berühren, größtmöglichen Schutz zu gewährleisten, sind Leuchten mit einer kleinen Bemessungsspannung (**Kleinspannung**) erforderlich.

Mit Kleinspannung werden z. B. betrieben:

- elektrische Handleuchten in Backöfen, im Kesselbau und in Brauereien, in Räumen mit erhöhter elektrischer Gefährdung wie bei Stahlkonstruktionen und engen geerdeten Metallbehältern;
- ortsveränderliche Kleinwerkzeuge, z. B. Akku-Bohrmaschinen;
- elektrische Leuchten und Pumpen in Wasserbecken, z. B. Schwimmbad.

Im Kapitel 1.5 werden einzelne Spannungsbereiche unterschieden.

Im Spannungsbereich I verwendet man Spannungen, die eine direkte Gefährdung des Menschen verkleinern, weil die Bemessungsspannungen der Geräte niedrig sind.

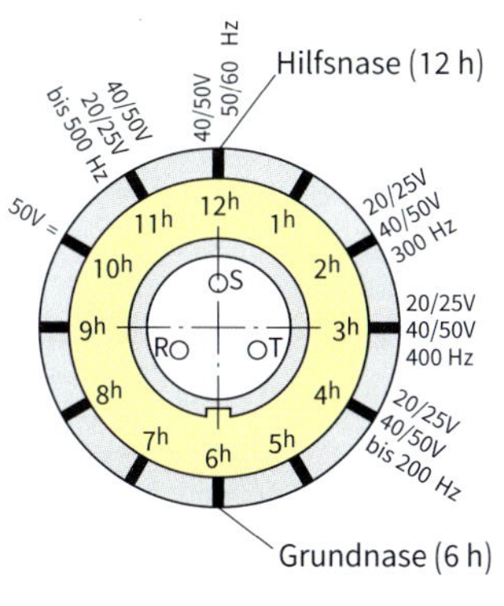

CEE-Stecksystem

Für Kleinspannungen sind nach DIN EN 60309-2 **CEE-Steckvorrichtungen** vorgeschrieben. Sie unterscheiden sich voneinander durch **Kennfarbe, Polzahl** und **Lage der Hilfsnase** für z. B.

- 20 V – 25 V/50/60 Hz, violett, ohne Hilfsnase
- 40 V – 50 V/50/60 Hz, weiß, Hilfsnase (12 h)
- 20 V – 25 V/100/200 Hz, grün, Hilfsnase (4 h)
- 20 V – 25 V/DC, grau, Hilfsnase (10 h)

Stecker und Steckdose sind für die verschiedenen Kleinspannungen aufeinander abgestimmt, so können keine Verwechslungen vorkommen.

- Stecker sind für die jeweiligen Kleinspannungen genormt. Sie passen nicht in Steckdosen oder Kupplungsdosen anderer Spannungssysteme.
- Stecker und Steckdosen dürfen keine Schutzkontakte haben.
- Leiter von SELV- und PELV-Stromkreisen (vgl. nächste Seite) müssen zusätzlich zur Basisisolierung gegeneinander isoliert sein.
- Gemeinsame Verlegung von Leitungen für verschiedene Spannungen und Stromkreise ist möglich, wenn die Isolierung der Leiter für die höchste Spannung bemessen ist.

Welche Kleinspannungen sind vorgeschrieben?
Für Geräte, die wegen ihrer Bauart nicht gegen zufällige direkte oder indirekte Berührung Spannung führender Teile gesichert sind, ist die Bemessungsspannung bis auf 25 V begrenzt. Kleinere Spannungen werden für folgende Geräte vorgeschrieben:

- $U_N \leq 6$ V: **medizinische Geräte,** z. B. für die Untersuchung mit Strom führenden Teilen im Körper,
- $U_N \leq 12$ V: **Geräte,** z. B. in Badewannen,
- $U_N \leq 24$ V: **Spielzeug,** z. B. Eisenbahn,
- $U_N \leq 24$ V: **Geräte in landwirtschaftliche Betrieben,** z. B. ortsveränderliche Scher- und Melkmaschinen.

Spannungsquellen für Kleinspannungen sind:

- Elektrochemische Spannungsquellen wie z. B. Akkumulatoren oder Batterien,
- Sicherheitstransformatoren mit getrennten Wicklungen ①,
- Elektronische Geräte zur Erzeugung von Gleichspannung ② oder Wechselspannung,
- Motorgenerator (Umformer) mit getrennten Wicklungen ③.

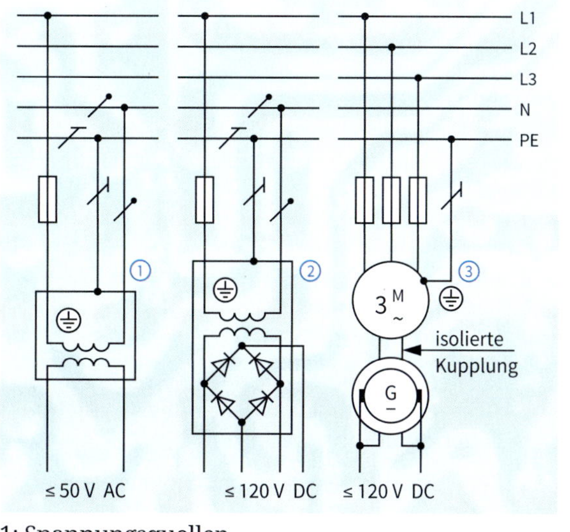

1: Spannungsquellen

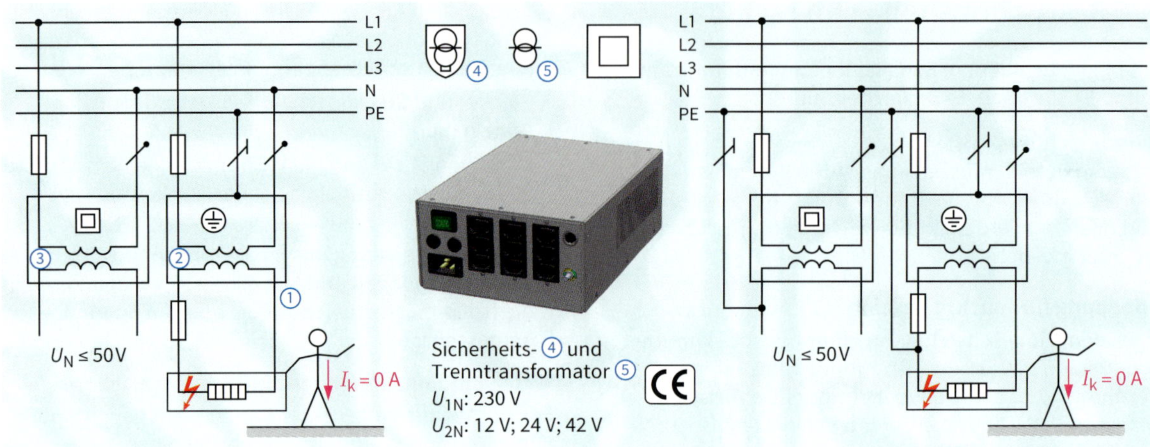

1: SELV-Stromkreise

2: PELV-Stromkreise

SELV

Bei dieser Schutzmaßnahme ist eine Spannung vorgeschrieben, die zum Spannungsbereich I gehört. Hierzu gehören z. B. alle Wechselspannungen, für die $U \leq 50$ V gilt. Es gibt Kleinspannungen, die als **Schutz durch SELV** bezeichnet werden (SELV: **s**afety **e**xtra **l**ow **v**oltage, d. h. Sicherheitskleinspannung).

SELV-Stromkreise (Abb. 1) werden ungeerdet betrieben, weil sonst bei einem Fehler höhere Spannungen über den Schutzleiter in den SELV-Stromkreis übertragen werden können. Aktive Teile des Stromkreises dürfen deshalb weder mit Erde noch mit Schutzleitern oder aktiven Teilen anderer Stromkreise verbunden sein ①. Von Stromkreisen mit höherer Spannung müssen die SELV-Stromkreise sicher getrennt sein.

Sichere Trennung ② ③ bedeutet, dass Primär- und Sekundärstromkreis des Transformators keine leitende Verbindung miteinander haben dürfen. Hier müssen **Sicherheitstransformatoren** eingesetzt werden. Auch bei einem Isolationsfehler im SELV-Stromkreis kann kein gefährlicher Körperstrom fließen, weil die Spannung sehr niedrig ist.

Anwendung

Kleinwerkzeuge, Leuchten und Pumpen unter Wasser, Geräte in der Nutztierhaltung, Spielzeug und Körperpflegegeräte u. a.

- Bei Sicherheitskleinspannung werden Wechselstromkreise mit Nennspannungen bis 50 V, Gleichstromkreise bis 120 V betrieben.
- Bei der Schutzmaßnahme SELV muss eine sichere Trennung von der höheren, gefährlichen Spannung vorliegen.
- SELV-Stromkreise dürfen nicht geerdet werden.

PELV

Bei dieser Anwendung handelt es sich um **Schutz durch PELV** (PELV: **p**rotective **e**xtra **l**ow **v**oltage, d. h. Schutzkleinspannung, früher Funktionskleinspannung). Auch hier dient als Spannungsversorgung eine Kleinspannungsquelle.

Vergleich von SELV- und PELV-Stromkreisen

Der Unterschied besteht darin, dass PELV-Stromkreise geerdet sein dürfen, Stromkreise mit SELV jedoch nicht. Aktive Teile des PELV-Stromkreises (Abb. 2) und die Gehäuse der Betriebsmittel sind dann mit der Erde bzw. dem Schutzleiter (PE oder PEN) verbunden. Der Schutz gegen direktes Berühren ist bei Spannungen von $U \leq 6$ V AC und $U \leq 15$ V DC nicht erforderlich, wenn gleichzeitig berührbare Gehäuse geerdet sind.

Anwendung

Steuerstromkreise, Messstromkreise

Im PELV-Stromkreis dürfen aktive Teile des Stromkreises auf der Kleinspannungsseite mit dem **geerdeten** Schutzleiter und den Gehäusen der Betriebsmittel verbunden werden (Abb. 2).

FELV

Eine weitere Kleinspannung ist **FELV** (FELV: **f**unctional **e**xtra **l**ow **v**oltage). Sie wird als Funktionskleinspannung bezeichnet. FELV bietet **keinen Schutz** gegen elektrischen Schlag im Fehlerfall, weil keine sichere Trennung zur Eingangsseite des Transformators vorliegt.

- Bei PELV muss eine sichere Trennung zur höheren, gefährlichen Spannung vorliegen.
- In PELV-Stromkreisen dürfen aktive Teile und Körper geerdet werden.

Anwendung

FELV-Stromkreise sind deshalb in medizinisch genutzten Bereichen der Gruppe 1 und 2 verboten. Diese Stromkreise werden z. B. zur Energieversorgung von

- Fernschaltern,
- Relais und Schützen verwendet.

In diesen Stromkreisen ist eine sichere Trennung nicht erforderlich.

Für die **metallenen Gehäuse** auf der Kleinspannungsseite gelten folgende Festlegungen:

SELV: Verbindung mit Erde oder Schutzleiter verboten.

PELV: Erdung oder Verbindung mit Schutzleiter möglich.

FELV: Verbindung mit Schutzleiter auf der Eingangsseite des Transformators erforderlich.

- FELV wird als Funktionskleinspannung bezeichnet.
- Im Fehlerfall gewähren FELV-Stromkreise bei einem Fehler, z.B. Körperschluss, keinen Schutz gegen elektrischen Schlag.

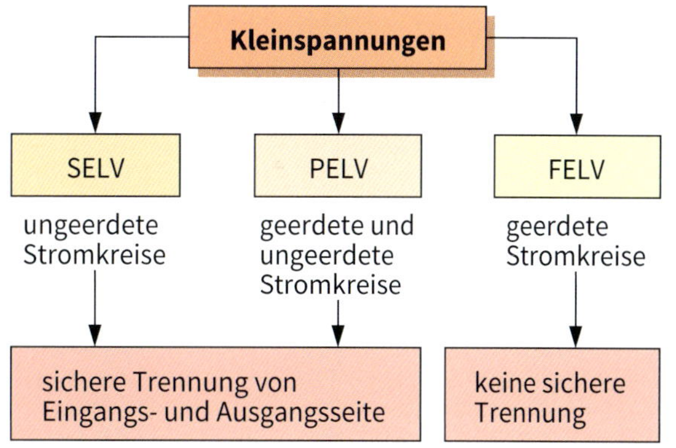

Aufgaben

1. Worin besteht der besondere Schutz durch Anwendung von Kleinspannung?
2. Beschreiben Sie den Anschluss von Geräten mit Kleinspannung über Steckvorrichtungen!
3. Zeichnen Sie einen Fehlerstromkreis zu der Schutzmaßnahme SELV, wenn ein Leiter auf der Kleinspannungsseite Körperschluss und der andere Leiter Erdschluss hat! Warum besteht bei Berührung des Gehäuses keine Gefahr?
4. Warum ist die Funktionskleinspannung FELV z. B. in medizinischen Bereichen verboten?

1.8 Basisschutz

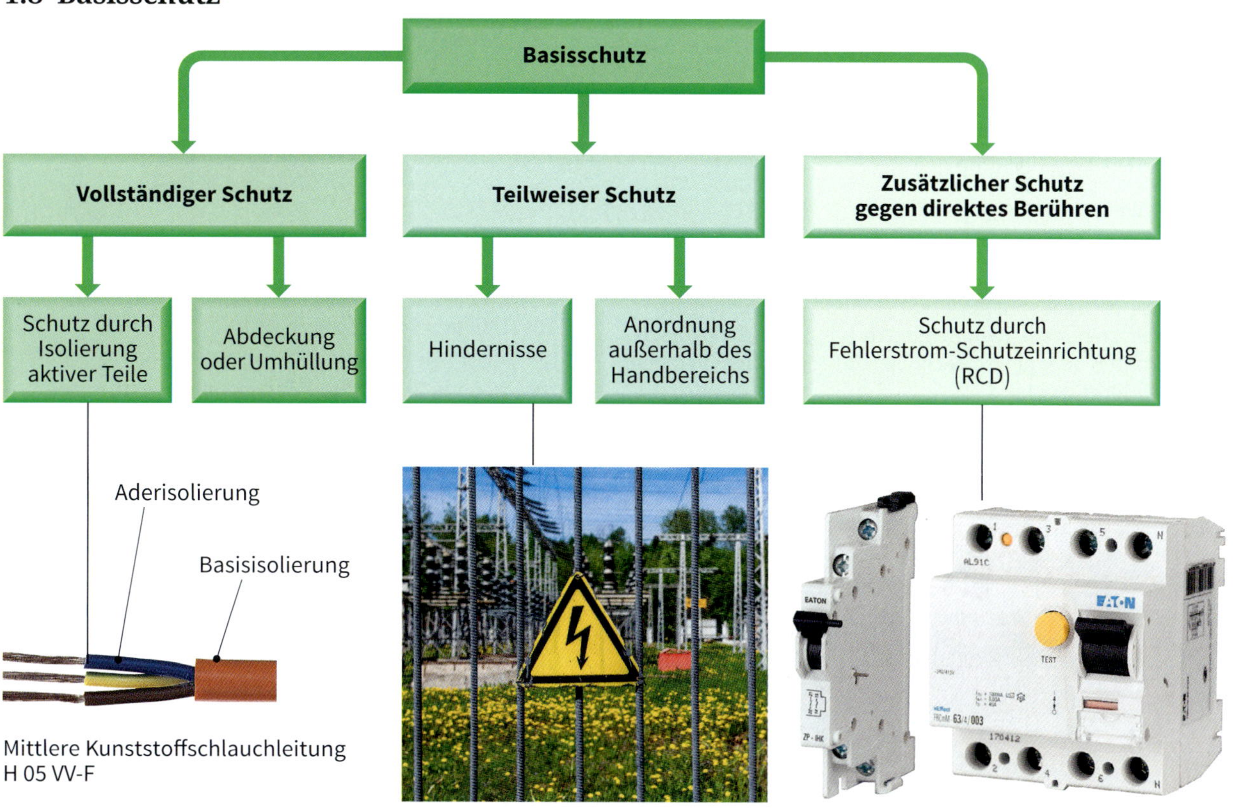

Mittlere Kunststoffschlauchleitung H 05 VV-F

Was ist Basisschutz?

Hierzu gehören alle Maßnahmen zum Schutz von Menschen und Nutztieren vor Gefahren, die sich beim direkten Berühren Spannung führender Teile ergeben können. Diese Maßnahmen werden auch als Basisschutz bezeichnet. Sie schützen sicher gegen elektrischen Schlag nur in Verbindung mit automatischer Abschaltung.

Isolierung aktiver Teile

Ein vollständiger Schutz gegen direktes Berühren wird erreicht, wenn die unter Spannung stehenden Teile mit einer Ader- und Basisisolierung ausgestattet sind. Die direkte Isolierung des Leiters (**Aderisolierung**) soll einen Leiter- bzw. Windungsschluss verhindern. Die **Basisisolierung**, die ebenfalls aus Kunststoff bestehen kann, schützt gegen gefährliche Körperströme, wenn die Aderisolierung beschädigt sein sollte. Die Isolierung eines Leiters durch Lack als Aderisolierung bietet keinen ausreichenden Schutz gegen gefährliche Berührungsspannung.

Beispiele:

Isolation von Kabeln, Leitungen oder aktiven Teilen von Motoren

Abdeckung und Umhüllung

Die Spannung führenden Teile werden durch Isoliermaterialien sicher und fest abgedeckt (Abb. 1). Der Schutzgrad muss mindestens IP2X (vgl. Kap. 2.6) betragen. Die erste Ziffer dieser Bezeichnung bedeutet, dass **Berührungsschutz** wie z. B. das Fernhalten von Fingern und anderen Gegenständen gewährleistet ist. Zu den **Ausnahmen** gehören Geräte bzw. Betriebsmittel mit größeren Öffnungen wie z. B.

- Heizgeräte mit Glühdrähten,
- Lampenfassungen und
- Schraubsicherungen.

Die verwendeten Abdeckungen oder Umhüllungen dürfen nur mit geeignetem Werkzeug von Elektrofachkräften oder elektrotechnisch unterwiesenen Personen entfernt werden.

Beispiele:

Abdeckung bei Stromkreisverteilern, Installationsschaltern und Schützen.

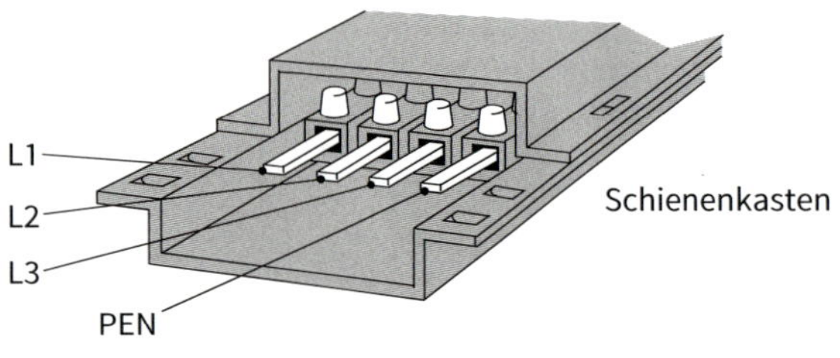

1: Schutz durch Abdeckung

Hindernisse

Durch Hindernisse erreicht man, dass Personen sich nicht zufällig aktiven Teilen nähern können. Die Hindernisse bieten nur **teilweisen Schutz**, weil sie ohne besonderes Werkzeug entfernt werden können. Verwendete Geländer, Ketten oder Seile sollten durch farbliche Kennzeichnung in gelb/schwarz oder rot/weiß auf **Gefahrenbereiche** aufmerksam machen.

Beispiele:

Geländer, Schranken und Gitter in Schaltanlagen

Anordnung außerhalb des Handbereichs

Auch hier liegt nur ein teilweiser Schutz vor. Die aktiven Teile, d. h. auch elektrische Geräte, müssen außerhalb des Handbereichs liegen. Die Mindestabstände von 2,50 m nach oben und 1,25 m zur Seite und nach unten grenzen den **Handbereich** (Abb. 2) ein.

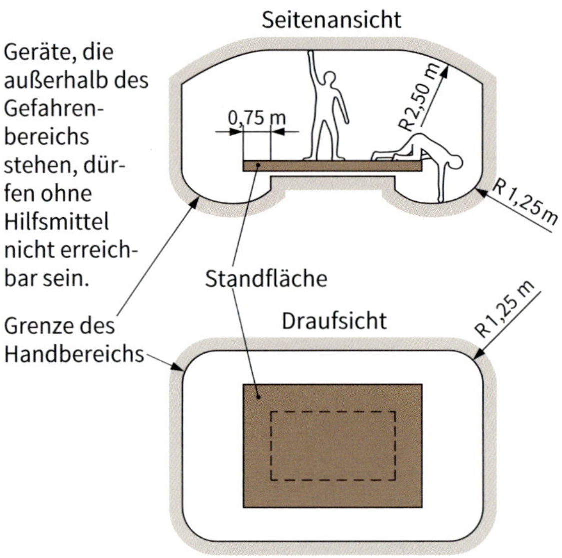

2: Handbereich

Zusätzlicher Schutz durch RCD

Die RCDs (Fehlerstrom-Schutzschalter) bieten einen zusätzlichen Schutz zum Basisschutz, wenn andere Schutzmaßnahmen versagen, wie z. B. die automatische Abschaltung des Fehlerstromkreises durch Sicherungen oder Leitungsschutz-Schalter. RCDs gibt es mit folgenden Bemessungs- und Auslöseströmen ($I_{\Delta N}$):

- RCD-Bemessungsströme I_N in A: 16; 25; 40; 63
- Bemessungsdifferenzströme $I_{\Delta N}$ in mA: 10; 30;100; 300; 500

Die Schalter mit Nennfehlerströmen von 10 mA und 30 mA bieten größtmöglichen Schutz des Menschen, da auch bei direktem Berühren eine sofortige Abschaltung erfolgt. Sie dürfen jedoch nicht als einziger Schutz zum Basisschutz eingesetzt werden, sondern nur als **zusätzlicher Schutz**.

Abschaltung durch RCD

Eine Person arbeitet im Garten mit einem elektrischen Rasenmäher. Bei Körperschluss und unterbrochenem Schutzleiter würde ohne RCD ein tödlicher Stromschlag erfolgen, weil der Fehlerstrom über den Menschen fließt.

Der zusätzliche Schutz durch **RCD** mit $I_{\Delta N} \leq 30$ mA ist gewährleistet, wenn das fehlerhafte Gerät bei Berühren innerhalb von $t_a \leq 200$ ms (Gerätenorm für RCD) abschaltet. In der Praxis erfolgt die Abschaltung durch die RCD wesentlich schneller und zwar in **40 bis 50 ms**. Der hohe Fehlerstrom ($I_F = \Delta I$) fließt daher nur kurzzeitig durch den menschlichen Körper und verursacht keine bleibenden organischen Schäden (vgl. Kap. 1.1).

In Bereichen, wo eine besondere Gefährdung für Menschen vorliegt, werden **Schutzeinrichtungen mit $I_{\Delta N} \leq 30$ mA** (vgl. DIN VDE 0100-739) gefordert, z. B. in

- Räumen mit Bädern und Duschen,
- Schwimmhallen und Schwimmbäder im Freien innerhalb der Schutzbereiche,
- Unterrichtsräume mit Experimentiereinrichtungen,
- Anlagen im Freien für Steckdosen bis 32 A und
- in Wohnungen bzw. für bestehende Anlagen als zusätzlicher Schutz empfohlen.

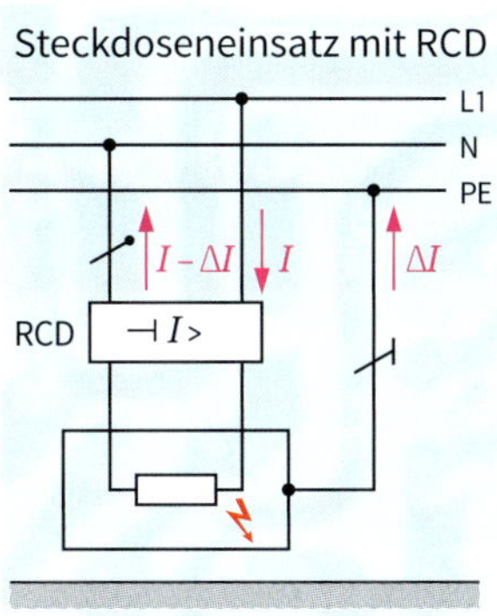

Wenn in Stromkreisen von elektrischen Anlagen keine Fehlerstrom-Schutzeinrichtungen (RCD) installiert sind, können in Steckdosenstromkreisen Einsätze mit Schutzfunktion eingesetzt werden. Ein solcher Einsatz besteht aus einer RCD mit eingebauter Schutzkontaktsteckdose (Abb. 3).

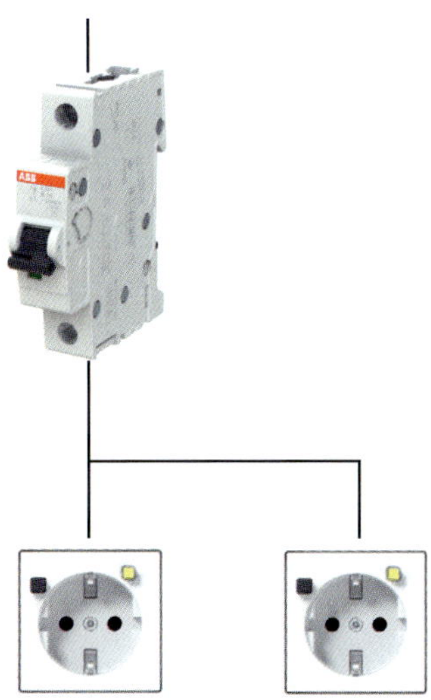

3: LS-Schalter mit Schukomaten (Bild: ALBRECHT JUNG GMBH & CO. KG)

Fehlerstrom-Schutzschalter mit LS-Schalter

Stromkreise können mit einer Kombination von RCD und Leitungsschutz-Schalter (FI/LS-Schalter) ausgestattet sein. Sie übernehmen mehrere Schutzfunktionen und schalten in Einphasen-Wechselstromkreisen bei folgenden Fehlern ab:

- Gleichzeitiger Schutz gegen Kurzschluss und Überlast
- Fehlerschutz zum Schutz gegen elektrischen Schlag
- Vorbeugender Brandschutz.

Die Schalter werden in 2- (1-poliger Schutz) und 4- (3-poliger Schutz) poliger Ausführung gebaut. Sie besitzen die LS-Auslösecharakteristiken B oder C. Die Bemessungsstromstärken betragen 6 A bis 32 A. Bei den 16 A FI/LS-Schaltern besteht eine Auslöseempfindlichkeit von 10 mA bis 30 mA, bei allen übrigen Schaltern 30 mA.

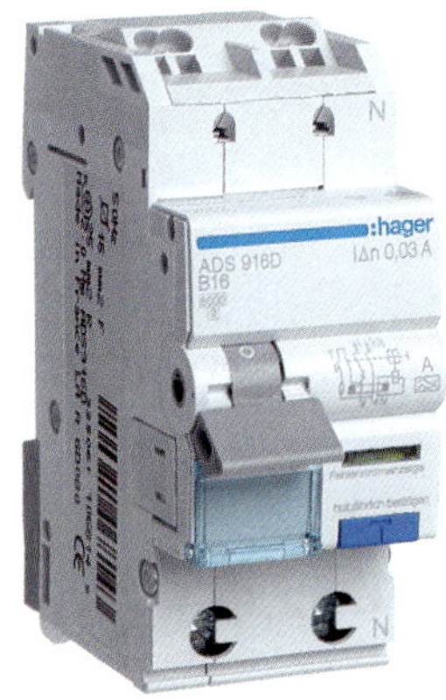

Durch die Kombination von RCD und LS-Schalter wird ein unerwünschtes Abschalten aufgrund betriebsbedingter Ableitströme vermieden.

- Vollständiger Basisschutz wird durch Abdeckung, Umhüllung und Isolierung aktiver Teile erreicht.
- Handbereich ist der Bereich, in dem eine Person die Abgrenzung mit der Hand ohne besondere Hilfsmittel von der Standfläche nicht erreichen kann.
- Die Schutzmaßnahme zum Basisschutz schützt Menschen und Nutztiere vor Gefahren, die sich beim Berühren unter Spannung stehender Leiter ergeben.

Aufgaben

1. Erklären Sie die Basis- und Aderisolierung bei der Mantelleitung NYM!

2. Beschreiben Sie die Abstände des Handbereichs an einem Beispiel!

3. Bewerten Sie mit Hilfe des Diagramms aus Kap. 1.1 die Gefährdung des Menschen, wenn eine RCD mit $I_{\Delta N} \leq 30$ mA installiert ist und die Abschaltung bei $t_a \leq 20$ ms liegt!

1.9 Fehlerschutz

Bei Berühren eines fehlerhaften Gerätes darf für Menschen und Nutztiere keine Gefahr ausgehen. Durch folgende Schutzmaßnahmen muss also erreicht werden, dass das Entstehen oder Bestehenbleiben einer gefährlichen Berührungsspannung verhindert wird.

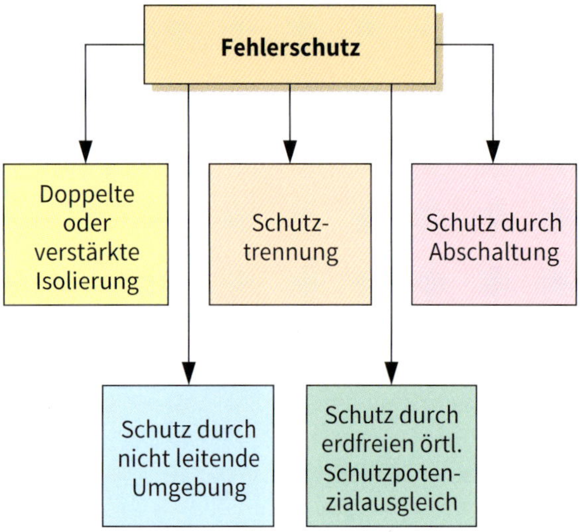

1.9.1 Doppelte oder verstärkte Isolierung

Durch die besondere Isolation der Geräte wird verhindert, dass bei schadhafter Basisisolierung unter Spannung stehende Teile des Gerätes berührt werden können. Eine gefährliche Berührungsspannung kann dann nicht mehr entstehen.

Die bereits beschriebene Basis- und Aderisolierung wird bei der Schutzisolierung durch eine **zusätzliche Isolierung** verstärkt, z. B. aus Kunststoff.

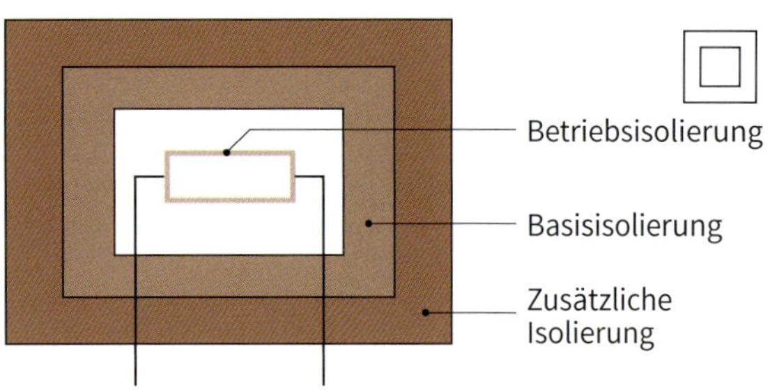

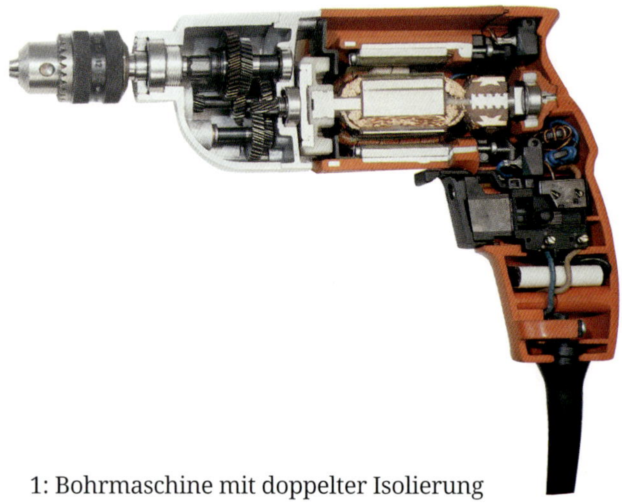

1: Bohrmaschine mit doppelter Isolierung

Überzüge aus Farbe, Lack oder Eloxal sind nicht ausreichend. Geräte mit der zusätzlichen bzw. verstärkten Isolierung tragen das Symbol für die Schutzklasse II.

Sie erkennen, dass die unter Spannung stehenden Teile mehrfach durch Isolierschichten nach außen abgeschirmt sind. Es gibt Geräte, bei denen man die mechanische Festigkeit durch eine metallene Gehäuseumhüllung erhöht. Solche Geräte sind z. B. Kleinwerkzeuge (Abb. 1) und Gehäuse für Verteiler und Zählerschränke. Diese Metallteile dürfen keinesfalls mit dem Schutzleiter verbunden werden, weil eine Fehlerspannung nach außen „verschleppt" werden kann und dann die Schutzmaßnahme unwirksam wird.

Anschluss von Geräten mit doppelter Isolierung

Anschlussleitungen zu diesen Geräten sind

- zwei- oder dreiadrige Leitungen **ohne PE-Leiter,**
- drei- oder vieradrige Leitungen **mit PE-Leiter.**

Für die Anschlussleitungen zu Geräten mit doppelter Isolierung sind genormte Steckanschlüsse vom Typ CEE 7/16 bzw. Typ CEE 7/17 (Abb. 2a und Abb. 2b, Seite 21) vorgeschrieben.

Diese Stecker sind europäisch in der DIN EN 60320-1 genormt. Sie gilt für zweipolige Steckvorrichtungen für Wechselstrom bis 250 V mit oder ohne Schutzkontakt.

a) Eurostecker CEE 7/16 (I_{max} = 2,5 A)

b) Konturenstecker CEE 7/17 (I_{max} = 10 A)

2: Steckverbinder (vgl. DIN EN 60320-1)

Der Schutzleiter bei Geräten mit doppelter Isolierung muss am Stecker angeschlossen sein, jedoch nicht am Gerät.

Innerhalb solcher Geräte, wie z. B. in Schaltern, Schaltgerätekombinationen und Verteilerschränken, können Metallklemmen mit dem Schutzleiterzeichen vorhanden sein. Sie dienen zum Anschluss oder Durchschleifen des Schutzleiters. Diese Klemmen müssen dann zu allen Metallteilen des Gerätes isoliert sein, damit im Fehlerfall keine Fehlerspannung zwischen Metallgehäuse und Erde entstehen kann.

Bei der Installation von Verteilerschränken mit doppelter Isolierung gilt:

- Keine Metallschrauben von außen in das Gehäuse hineindrehen.
- Für Leitungseinführungen in Gehäuse müssen Verschraubungen aus Kunststoff oder Würgenippel verwendet werden.

- Doppelte oder verstärkte Isolierung ist eine zusätzliche Isolierung zur Basisisolierung.
- Geräte mit doppelter Isolierung sind durch das Symbol ⧈ gekennzeichnet.
- Ein vorhandener Schutzleiter in der Anschlussleitung zu einem doppelt isolierten Gerät muss am Stecker, darf aber nicht am Gerät angeschlossen werden.

Aufgaben

1. Beschreiben Sie den Schutz durch doppelte oder verstärkte Isolierung!

2. An einem Elektrogerät der Schutzklasse II soll die schadhafte Anschlussleitung ausgewechselt werden.
Beschreiben Sie Auswahl und Anschluss der Leitung!

1.9.2 Schutztrennung

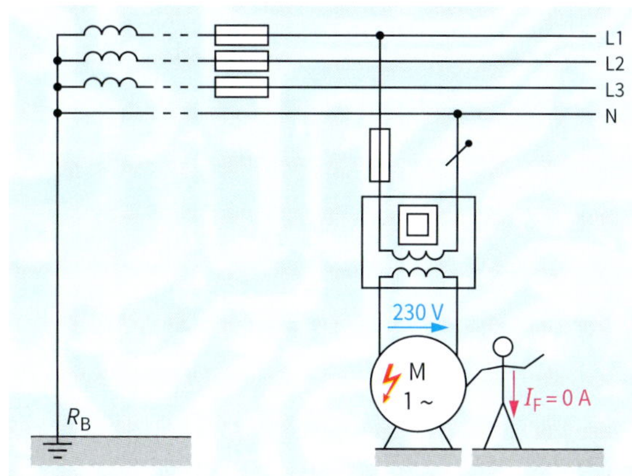

3: Berühren eines Spannung führenden Leiters

Bedingungen

Für Trenntransformatoren gelten:

- Primärspannung $U_{1n} \leq 1000$ V,
- Sekundärspannung $U_{2n} \leq 500$ V.

Warum erfolgt im Fehlerfall kein elektrischer Stromschlag?

Nach Abb. 3 entsteht kein Fehlerstromkreis, weil zum Versorgungsnetz keine leitende Verbindung vorliegt. Die Ursache ist, dass der **Trenntransformator** galvanisch den Netzstromkreis vom Verbraucherstromkreis trennt.

Bei der Schutztrennung können die getrennten Stromkreise durch Trenntransformatoren nach DIN EN 61558-2-4, Motorgeneratoren mit getrennten Wicklungen oder Akkumulatoren versorgt werden.

Schutz durch Gehäuse

Um im Fehlerfall eine Verbindung zur Erde (Erdschluss) auszuschließen, müssen Trenntransformatoren die Schutzklasse II besitzen. Ortsfeste Stromquellen mit Schutzklasse I können verwendet werden, wenn

- Ein- und Ausgang gegeneinander isoliert und
- angeschlossene Betriebsmittel nicht mit dem Metallgehäuse der Stromquelle verbunden sind.

Art der Leitungen

Um die Gefahr eines Erdschlusses bei ortsveränderlichen Verbrauchern auszuschließen, muss auf ausreichende Isolierung der Leitungen geachtet werden.

Für die **Leitungsauswahl und -verlegung** gilt:

- Gummischlauchleitungen vom Typ H07RN-F oder gleichwertige Leitungen verwenden,
- Leitungen von Stromkreisen mit Schutztrennung getrennt verlegen oder
- Mehraderleitungen verwenden, die in Installationsrohren oder -kanälen verlegt werden.

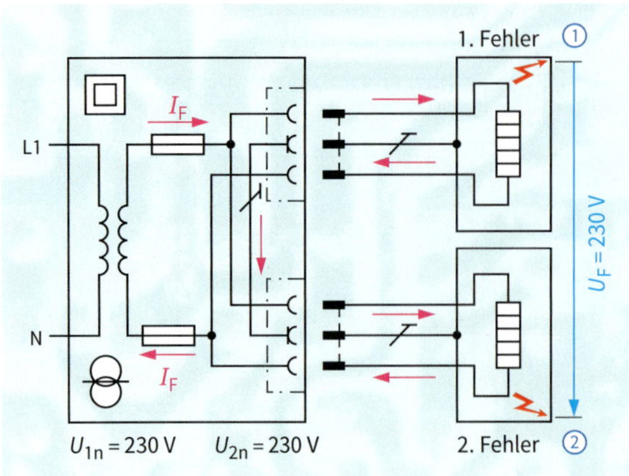

1: Schutztrennung mit mehreren Verbrauchern

Mehrere Geräte auf der Sekundärseite

Beim Anschluss mehrerer Verbraucher an einen Trenntransformator oder Motorgenerator müssen alle Metallgehäuse der Geräte durch einen isolierten **Schutzpotenzialausgleichsleiter** bzw. **PE-Leiter** miteinander verbunden sein. Hierdurch soll verhindert werden, dass zwischen zwei Gehäusen eine Spannung auftreten kann.

Nach DIN VDE 0100-410 gelten folgende Festlegungen:

- Keine Erdung der Metallteile und aktiven Teile des Stromkreises mit Schutztrennung
- Bemessungsspannungen:
  Oberspannung $U_{1N} \leq 1000\ V$
  Unterspannung $U_{2N} \leq 500\ V$
- Leitungslänge zum Verbraucher $l \leq 500\ m$
- Produkt aus Bemessungsspannung und Leitungslänge: $U_N \cdot l \leq 100\,000\ Vm$

Wann entsteht die Fehlerspannung?

Die Spannung entsteht, wenn beide Geräte nach Abb. 1 jeweils einen Körperschluss haben. Dieser wird beim ersten Gerät durch den einen Leiter ①, beim zweiten Gerät durch den anderen Leiter ② hervorgerufen. Die Abschaltung der Stromquelle durch das Überstrom-Schutzorgan muss bei einem zweifachen Körperschluss innerhalb folgender Zeiten erfolgen:

- $U_{2N} = 230\ V$ innerhalb $t_a \leq 0{,}4\ s$ und
- $U_{2N} = 400\ V$ innerhalb $t_a \leq 0{,}2\ s$.

Anwendungen

Schutztrennung wird z. B. in Verbraucherstromkreisen mit Einphasen-Trenntransformatoren (Abb. 2a), bei elektrischen Werkzeugen und Leuchten, bei Arbeiten in Metallbehältern, in Schütz- und Relaisstromkreisen und für Rasiersteckdosen in Baderäumen eingesetzt.

Beispiel:

Einschränkungen bei Anwendung der Schutztrennung in medizinisch genutzten Bereichen (vgl. DIN VDE 0100-710)

Für medizinisch genutzte Bereiche müssen bei Anwendung der Schutztrennung in den Bereichen der Gruppe 1 (z. B. Untersuchungs- und Bettenräume) und der Gruppe 2 (z. B. OP-Vorbereitungsräume und OP-Räume) z. B. Einphasen-Trenntransformatoren mit verstärkter Isolierung verwendet werden.

Für die Sekundärseite gelten zur Schutztrennung folgende Einschränkungen:

- Anschluss nur **eines Verbrauchers**
- **Keine Erdung** der Metallteile von Betriebsmitteln und keine Verbindung mit einem Schutzleiter
- **Sichtbare Verlegung** beweglicher Leitungen, wo mechanische Belastungen vorliegen.

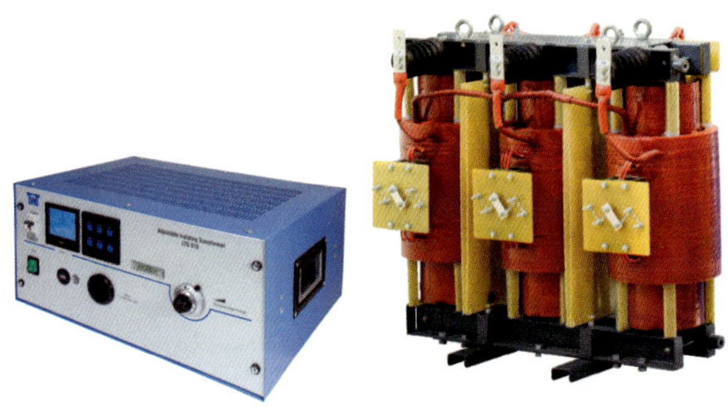

2a): Einphasen-Trenntransformator b): Drehstrom-Trenntransformator

- Bei der Schutztrennung sind die Verbraucher durch galvanische Trennung vom Versorgungsnetz getrennt.
- In medizinischen Bereichen der Gruppe 1 und 2 darf Schutztrennung nur zur Versorgung eines Betriebsmittels verwendet werden.

Aufgaben

1. Erklären Sie, was man unter galvanischer Trennung versteht!
2. Begründen Sie, warum flexible Zuleitungen zu Geräten mit Schutztrennung einen Schutzleiter enthalten müssen!
3. Worauf ist beim Anschluss mehrerer Geräte zu achten?

1.9.3 Automatische Abschaltung im TN-System

Kommen wir noch einmal auf den beschriebenen Elektrounfall im Kapitel 1.1 zurück. Die fehlerhafte Stehleuchte wurde im Augenblick des Einschaltens nicht vom Versorgungsnetz getrennt, da der Schutzleiter unterbrochen war. Eine gefährlich hohe Berührungsspannung verursachte den tödlichen Stromschlag. Wenn die Überstrom-Schutzeinrichtung abgeschaltet hätte, wäre der Unfall nicht passiert.

Durch **automatische Abschaltung** muss also das Gerät bei Körperschluss vom Netz getrennt werden. Diese Schutzmaßnahme ist **netzformabhängig**, deshalb müssen wir uns hier zunächst mit den **Netz-Verteilungssystemen** beschäftigen.

TN-Systeme zur Energieversorgung

Über verschiedene Verteilungssysteme kann elektrische Energie zum Verbraucher transportiert werden. Viele VNBs betreiben ihr Niederspannungs-Verteilungssystem als **TN-C-System.** Hinter dem Zähler bzw. im Stromkreisverteiler kann das System in ein **TN-S-System** umgewandelt werden. Das **TN-C-S-System** ist eine Kombination beider Systeme.

Die TN-Systeme unterscheiden sich wie folgt:

- TN-C-System:
  Der **PEN-Leiter** ist gleichzeitig Neutralleiter und Schutzleiter.
- TN-S-System:
  Der **Schutzleiter und Neutralleiter** sind getrennt geführt.

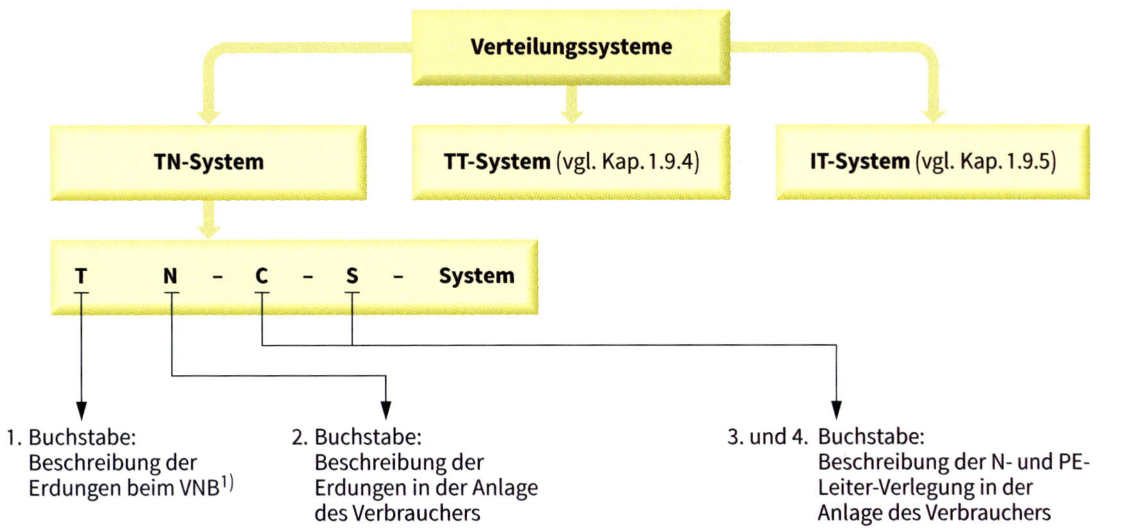

[1)] VNB – Verteilungsnetzbetreiber (frühere Bezeichnung: EVU)

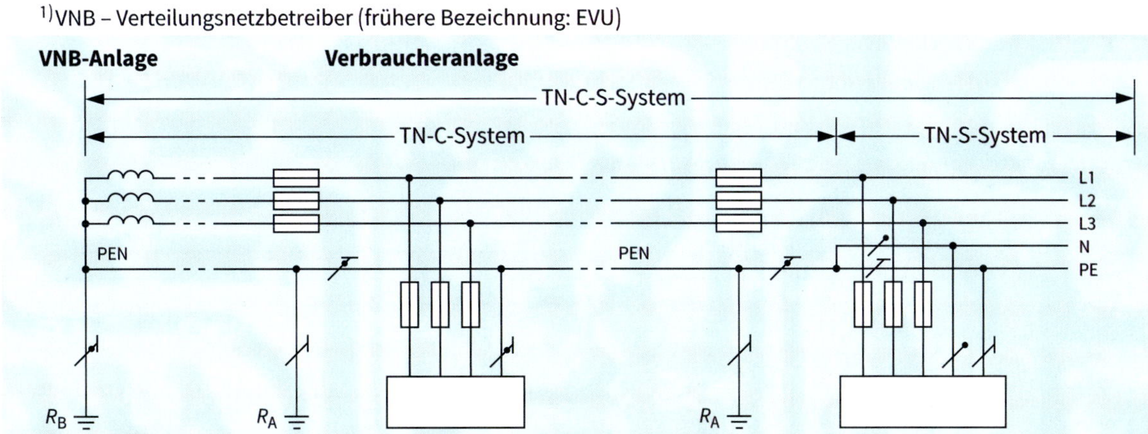

I: Trennung aller aktiven Teile von Erde; Sternpunkt isoliert (oder) über Impedanz mit der Erde verbunden.

T: Direkte Erdung des Netz-Sternpunktes bzw. der Gerätegehäuse.

N: Komponenten sind direkt mit dem Sternpunkt des Versorgungssystems verbunden.

C: PEN-Leiter hat Neutralleiter (N)- und Schutzleiter (PE)-Funktion.

S: PE-Leiter ist vom N-Leiter getrennt.

Bedeutung: **I**: Isolation (isoliert); **T**: Terre (Erde); **N**: Neutre (neutral); **C**: Combiné (kombiniert); **S**: Separé (getrennt)

Abschaltung durch Schutzorgane

Die automatische Abschaltung von Stromkreisen kann durch folgende Schutzorgane geschehen

- Schmelzsicherungen,
- Leitungsschutz-Schalter (LS-Schalter) oder
- RCD.

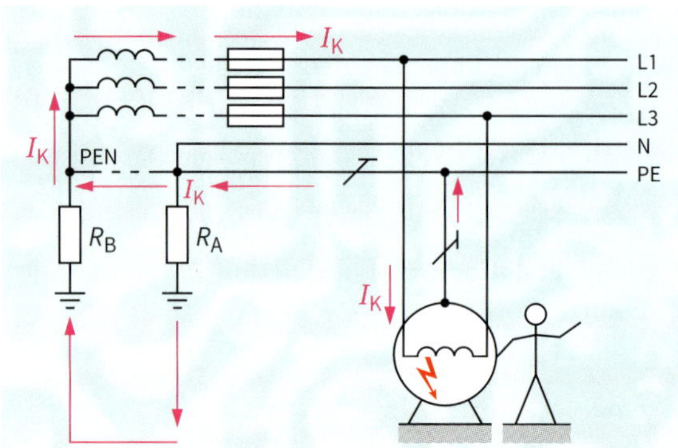

1: Fehlerschleife (Z_S) bei Körperschluss

Fehlerschleife

Der Fehlerstrom I_F bzw. I_K (Abb. 1) fließt über das geerdete Gehäuse, den PE-Leiter, den PEN-Leiter, durch die Erde (Erder R_A) zum Erder des Versorgungsnetzes. Der Gesamtwiderstand muss klein sein, damit der Kurzschlussstrom groß wird. Das Überstrom-Schutzorgan schaltet dann in der nach DIN VDE festgelegten Zeit ab.

Kleiner Gesamtwiderstand des Fehlerstromkreises

Der Gesamtwiderstand wird durch **mehrmalige Erdungen** verkleinert und zwar durch

- Betriebserder (R_B) am Transformator,
- Anlagenerder (R_A), z. B. Fundamenterder oder Staberder, in der Verbraucheranlage und
- weitere Erder ($R_{A1,2..}$), falls erforderlich.

Den Gesamtwiderstand der Fehlerschleife nennt man **Schleifenimpedanz Z_S.** Er setzt sich zusammen aus

- Z_T der Transformatorwicklung,
- R_L des Außenleiters und der Sicherung,
- R_{Kl} der Anschlussklemmen,
- R_{PE} des Schutzleiters und
- R_{PEN} des PEN-Leiters.

Nach der Auslösecharakteristik der Sicherung oder des LS-Schalters (vgl. Kap. 2.1.2) verringert sich die Auslösezeit bei einem größeren Kurzschlussstrom. Zur Abschaltzeit t_a des Überstrom-Schutzorgans lässt sich folgende Wirkungskette aufstellen:

$Z_S \downarrow \Rightarrow I_K \uparrow \Rightarrow t_a \downarrow$

Damit ein ausreichend großer Abschaltstrom fließen kann, muss die Bedingung für Z_S erfüllt sein.

Nach DIN VDE:
$I_a \cdot Z_S \leq U_0$

$$Z_S \leq \frac{U_0}{I_a}$$

Maximale Abschaltzeiten gelten nach DIN VDE 0100-410 bei U_0 (Bemessungswechselspannung):

Anwendung	Spannung gegen Erde	Abschaltzeit
Steckdosenstromkreise und ortsveränderliche Betriebsmittel	$U_0 \leq 230$ V $U_0 > 120$ V	$t_a \leq 0{,}4$ s
	$U_0 \leq 400$ V $U_0 > 230$ V	$t_a \leq 0{,}2$ s
Endstromkreise mit festem Anschluss von Handgeräten oder ortsveränderlichen Geräten der Schutzklasse I	$U_0 > 400$ V	$t_a \leq 0{,}1$ s
Verteilungsstromkreise in Gebäuden, die z. B. zu einem Schaltschrank führen, und Endstromkreise mit ortsfesten Geräten	$U_0 \leq 400$ V	$t_a \leq 5$ s

Beispiel zur Abschaltung in einem TN-System: 3/N ~ 400/230 V 50 Hz

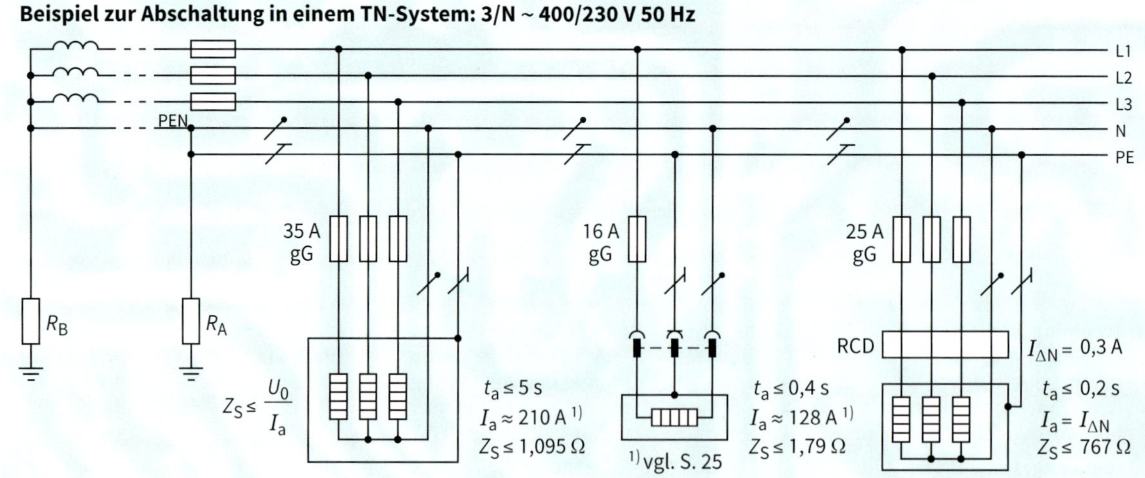

Die Hersteller von Überstrom-Schutzorganen (vgl. Kap. 2.1) geben folgende Näherungswerte für die **Höhe des Abschaltstromes** I_a (= I_K) an:

Überstrom-Schutzorgan	Auslösung
Schmelzsicherung Typ gG	$I_a \approx 8 \cdot I_N \Rightarrow t_a \leq 0{,}4$ s $I_a \approx 6 \cdot I_N \Rightarrow t_a \leq 5$ s
Leitungsschutz-Schalter, Typ B	Halten bei $3 \cdot I_N \Rightarrow t_a > 0{,}1$ s Auslösen bei $5 \cdot I_N \Rightarrow t_a < 0{,}1$ s
Leitungsschutz-Schalter, Typ C	Halten bei $5 \cdot I_N \Rightarrow t_a > 0{,}1$ s Auslösen bei $10 \cdot I_N \Rightarrow t_a < 0{,}1$ s

- Die Schleifenimpedanz Z_S ist der Gesamtwiderstand des Fehlerstromkreises (Außenleiter, geerdeter Schutzleiter PE zwischen Netztransformator und Verbraucher).
- Der Schutz im TN-System besteht darin, dass im Fehlerfall ein großer Strom in der Fehlerschleife die Schutzeinrichtung auslöst.
- Bei gleich großem Kurzschlussstrom schalten Leitungsschutz-Schalter gegenüber Schmelzsicherungen schneller ab.

Aufgaben

1. Welche Bedeutung haben die einzelnen Buchstaben in der Bezeichnung TN-C-S-System?
2. Beschreiben Sie den Unterschied zwischen einem TN-C-System und einem TN-S-System!
3. Was bedeutet „automatische Abschaltung" eines Stromkreises?
4. Erklären Sie den Begriff „Fehlerschleife" an einem Beispiel!
5. Aus welchen Teilwiderständen setzt sich die Schleifenimpedanz Z_S zusammen?
6. Der Kurzschlussstrom soll eine kurze Abschaltzeit des Überstrom-Schutzorgans bewirken. Stellen Sie die Abhängigkeit dieser Größen von Z_S dar!
7. In einem Elektrogerät mit der Bemessungsspannung 230 V entsteht durch einen Isolationsfehler ein Kurzschluss. Welche Abschaltzeit gilt im TN-System?
8. Welche Abschaltzeit gilt im Fehlerfall für einen Elektroherd mit Drehstromanschluss?
9. Wie groß darf die Schleifenimpedanz maximal sein, wenn ein Stromkreis (U_0 = 230 V) mit einer Schmelzsicherung (Typ gG) und I_N = 20 A abgesichert ist?

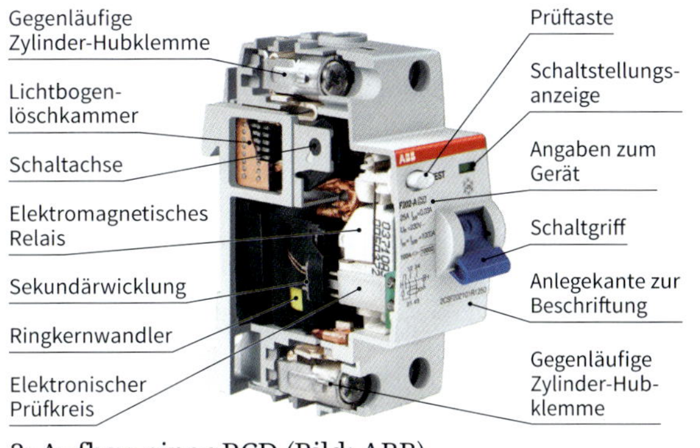

2: Aufbau einer RCD (Bild: ABB)

Abschaltung durch die RCD

Außer den genannten Schutzeinrichtungen werden für bestimmte Anlagen RCDs (Abb. 2) vorgeschrieben (vgl. DIN VDE 0100-410). Diese überwachen den Fehlerstrom, der über den Schutzleiter fließt. Das **Wirkprinzip** der RCD besteht darin, dass ein Summenstromwandler die hin- und rückfließenden Ströme vom Verbraucher überwacht. Vereinfacht können wir uns den Ablauf der Abschaltung durch die RCD so vorstellen, wie er mit Hilfe von Magnetfeldern in Abb. 3 dargestellt ist.

Abb. 3a:

Zufließender Strom im Leiter L1 ist gleich dem zurückfließenden Strom im Neutralleiter. Die durch den Strom hervorgerufenen Magnetflüsse Φ_{L1} und Φ_N sind entgegen gerichtet und gleich groß. Sie heben sich auf.

Also gilt

Gesamtfluss $\Phi_G = 0$ Vs ⇒ **Keine Induktion in der Spule** ①

Abb. 3b:

Wegen eines Isolationsfehlers im Gerät fließt ein Fehlerstrom zum PE-Leiter. Der zurückfließende Strom im Neutralleiter ist deshalb nicht gleich dem zufließenden Strom im Leiter L1. Die Magnetflüsse Φ_{L1} und Φ_N sind zwar entgegen gerichtet aber nicht gleich groß.

Also gilt

Gesamtfluss $\Phi \neq 0$ Vs ⇒ **Induktion in der Spule** ②

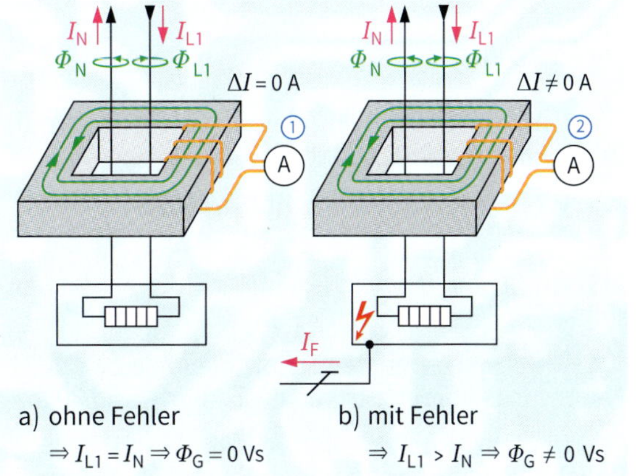

3: Wirkprinzip der RCD

Isolationsfehler und Abschaltung durch die RCD

Sehen wir uns nochmals die Abbildung auf S. 19 an. Ein Gerät ist über den abgebildeten Steckdoseneinsatz mit eingebauter RCD angeschlossen. Nehmen wir an, in der Zuleitung liegt ein Isolationsfehler vor. Es lässt sich folgender Funktionsablauf aufstellen:

Isolationsfehler an der Zuleitung oder am Gerät.

⇓

Fehlerstrom I_F fließt durch den PE-Leiter ab.

⇓

RCD ($I_{\Delta N} \leq 30$ mA) erfasst den fehlenden Strom und schaltet allpolig ab. $I_{L1} - I_N = I_F = \Delta I$

Hersteller geben für die Auslösezeiten der RCD je nach Größe des Fehlerstromes an:

- $I_F = I_{\Delta N} \quad \Rightarrow t_a \leq 200$ ms,
- $I_F = 5 \cdot I_{\Delta N} \quad \Rightarrow t_a \leq 40$ ms.

Einsatz von RCDs

- **Brandschutz:**
  RCDs, Typ B, mit einem Bemessungsdifferenzstrom von 300 mA eignen sich für Anlagen, in denen z. B. Brände durch Leck- oder Fehlerströme ausgelöst werden können. Sie entstehen bei Isolationsfehlern.
- **Personenschutz:**
  RCDs mit einem Bemessungsdifferenzstrom von 30 mA sind zum Schutz vor gefährlichen Einwirkungen des Stromes auf Menschen und Nutztiere geeignet. Bereits ein kleiner Fehlerstrom bewirkt allpoliges Abschalten. Für bestimmte Räume und Anlagen (vgl. Kap. 2.4) sind RCDs zwingend vorgeschrieben.

- Die RCD schaltet ab, wenn die Summe der zum Verbraucher hinfließenden Ströme nicht gleich groß ist wie die Summe der zurückfließenden Ströme.
- Die RCD gewährleistet höchste Sicherheit, da sie im Fehlerfall sofort allpolig abschaltet.

Aufgaben

1. Erklären Sie mit Hilfe einer Skizze die Funktionsweise einer RCD!

2. Welche Abschaltzeit gilt für RCDs?

3. Beschreiben Sie den Fehlerstromkreis, wenn die RCD ein Gerät mit einem Isolationsfehler abschalten soll!

4. Welchen besonderen Schutz bieten RCDs mit Bemessungsdifferenzströmen von 10 mA und 30 mA?

5. In einer Hausinstallation löst die RCD aus! Welche Fehler können in der elektrischen Anlage vorliegen?

Fehlersuche beim Auslösen der RCD

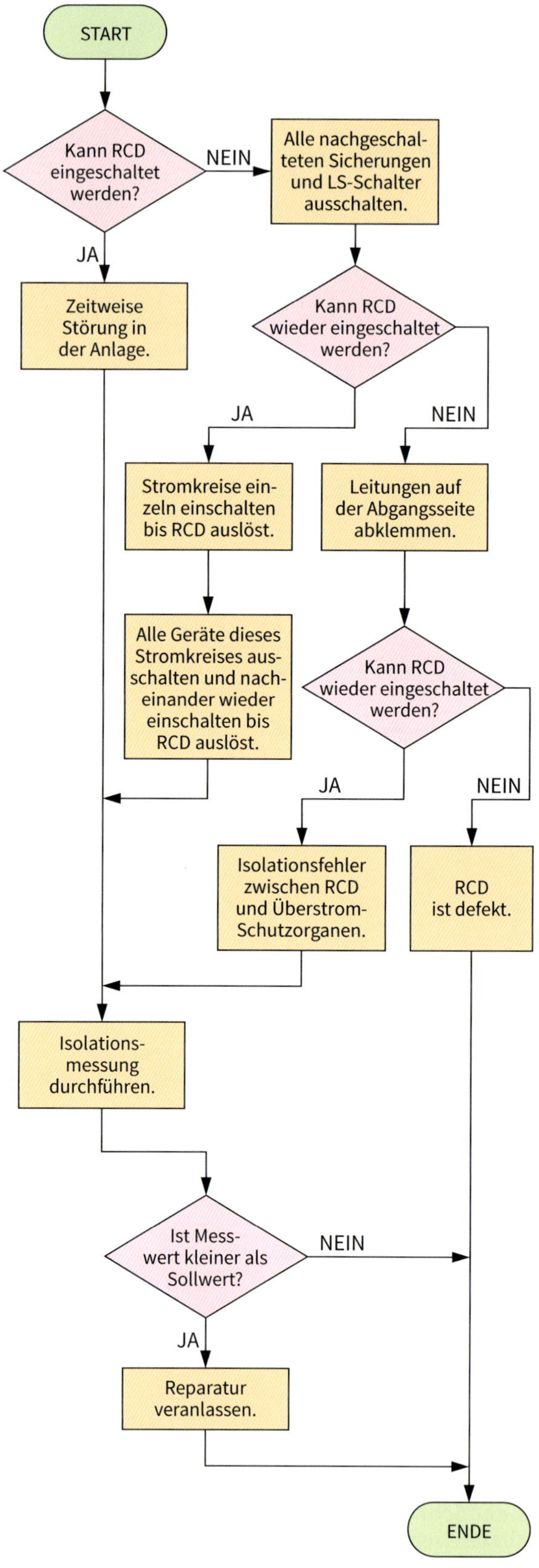

1.9.4 Abschaltung im TT-System

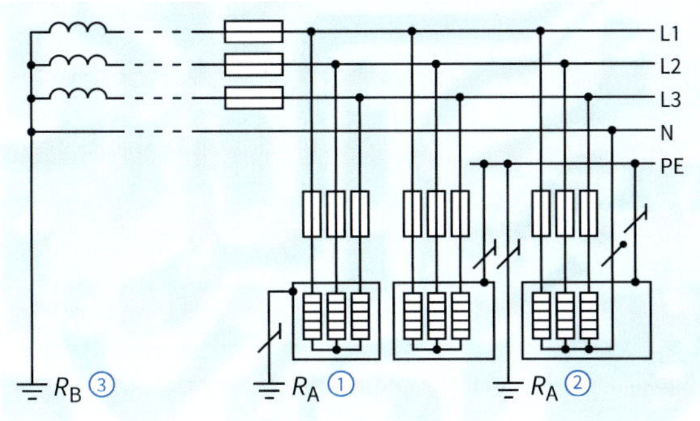

1: TT-System

Kennzeichen von TT-Systemen

In TT-Systemen werden die Gehäuse der Geräte **direkt geerdet** ① bzw. mit dem gemeinsamen Erder der Anlage (R_A) ② verbunden (Abb. 1). Der Sternpunkt des Netztransformators ist geerdet ③.

Unterschied zwischen TN- und TT-Systemen

Im Unterschied zum TN-System besteht im TT-System zwischen dem Betriebserder R_B und dem Anlagenerder R_A keine Verbindung. Beide Erder sind lediglich über das Erdreich miteinander verbunden. Wir erklären am Beispiel nach Abb. 2, wie der Fehlerstromkreis aufgebaut ist.

Fehlerstromkreis bei Körperschluss im TT-System

Der Fehlerstrom I_F fließt vom Netztransformator über die Leitung (R_L), die Fehlerstelle ($R_Ü$) und den Erdungswiderstand R_A der Verbraucheranlage durch das Erdreich zum Netztransformator (R_B). I_F muss mindestens so groß sein wie der **Auslösestrom** I_a der Schutzeinrichrichtung. Daraus folgt für das TT-System zur Berechnung des maximal zulässigen Erdungswiderstandes R_A:

$$R_A \leq \frac{U_L}{I_a}$$

U_B ist die höchstzulässige Berührungsspannung für Menschen bzw. Tiere, die überbrückt werden kann. U_B ist eine Teilspannung von U_0.

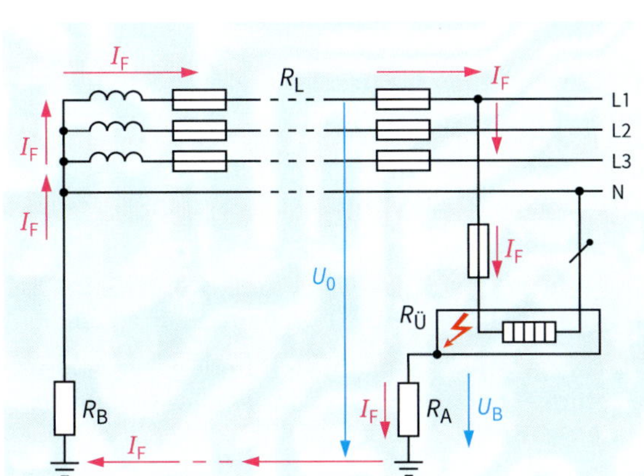

2: Fehlerstromkreis im TT-System

Ist der PE-Leiter nicht ordnungsgemäß angeschlossen oder unterbrochen, baut sich bei Körperschluss eine gefährliche Fehlerspannung zwischen Gehäuse und Erde auf. Ein Fehlerstromkreis mit einem genügend hohen Fehlerstrom ($I_F = I_N$) kann sich dann nicht aufbauen. Es kommt zu keiner Abschaltung durch das Überstrom-Schutzorgan.

Verkleinerung des Erdungswiderstandes R_A

Bereits beim TN-System haben wir festgestellt, dass durch Installation weiterer Erder der Gesamtwiderstand für R_A verkleinert wird. Dies gilt auch im TT-System. Da niedrige Erdungswiderstände meistens nicht zu erreichen sind, verwendet man fast ausschließlich RCDs (Abb. 3).

Für RCDs gilt nebenstehende Bedingung. Andere Überstrom-Schutzorgane können im TT-System zum Fehlerschutz nur dann angewendet werden, wenn R_A sehr klein ist. Erst dann fließt im Fehlerfall ein ausreichend großer Abschaltstrom.

$$R_A \leq \frac{U_B}{I_{\Delta N}}$$

Die RCDs müssen bei der höchstzulässigen Fehlerspannung 50 V abschalten.

Damit ergeben sich die Erdungswiderstände R_A, die höchstens vorkommen dürfen (s. Tabelle).

Erdungswiderstände R_A bei RCDs	
$I_{\Delta N}$	$R_A \leq \frac{50\text{ V}}{I_{\Delta N}}$
0,01 A	5000 Ω
0,03 A	1667 Ω
0,10 A	500 Ω
0,30 A	167 Ω
0,50 A	100 Ω

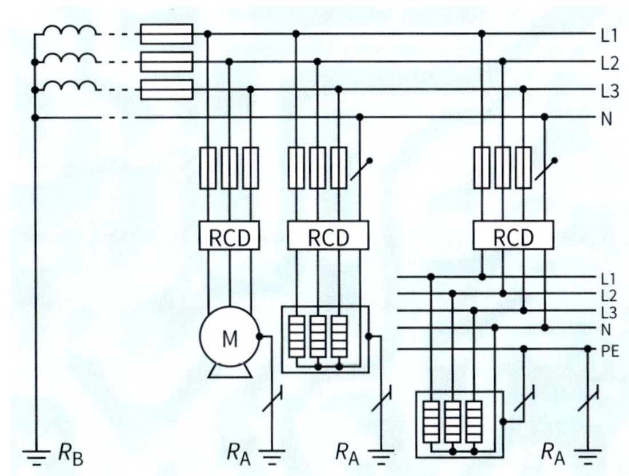

3: Anschlüsse über RCDs im TT-System

- Die RCD schaltet ab, wenn die Summe der zum Verbraucher hinfließenden Ströme nicht gleich groß ist wie die Summe der zurückfließenden Ströme.
- RCDs werden dort eingesetzt, wo vorgeschriebene Erdungswiderstände nicht erreicht werden können.

1.9.5 Abschaltung im IT-System

Aufbau eines IT-Systems

Alle aktiven Leiter sind im IT-System gegen Erde isoliert. Zwischen den Außenleitern und dem geerdeten Punkt (R_A) liegt eine **Isolations-Überwachungseinrichtung** ①. Sie überwacht den Isolationswiderstand der Anlage gegen Erde.

Erdung im IT-System

In Abb. 1 sind zwei unterschiedliche Anlagen dargestellt. Ihre besonderen Merkmale sind:

a) **gemeinsam geerdete Geräte** und metallene Anlagenteile ②,

b) **einzeln geerdete Geräte** ③ ⑤ und ⑦

c) **RCD-Schutz** ④.

Für den Erdungswiderstand R_A gilt:

$$R_A \le \frac{U_L}{I_a}$$

R_A ist der Widerstand der Schutzpotenzialausgleichsleiter, des PE-Leiters und des Erders. I_d (I_F) ist der Fehlerstrom, der beim 1. Fehler fließt.

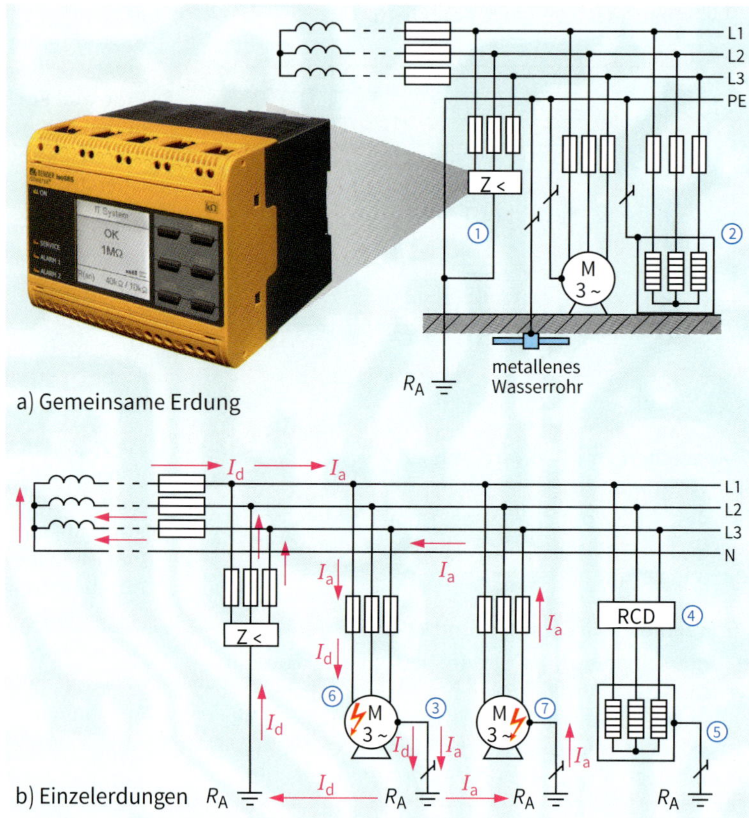

1: Erdungen im IT-System

Funktion des Isolationswächters

Das Gerät kontrolliert ständig den Isolationswiderstand der Anlage. Wird der Ansprechwert (einstellbar z. B. von 2 kΩ bis 60 kΩ) unterschritten, erfolgt eine optische und/oder akustische Anzeige (**Schutz durch Meldung**).

Fehlerfall in der Anlage

Tritt nur an einem Gerät ⑥ ein Körperschluss als **1. Fehler** auf, dann ist keine Abschaltung erforderlich. Es erfolgt eine Anzeige. Die Anlage kann trotz des Fehlers weiter betrieben werden. Dann gilt $\boldsymbol{R_A \cdot I_d \le 50\ \mathrm{V}}$. Es entsteht keine Berührungsspannung, weil der Sternpunkt des Netztransformators nicht geerdet ist. Der 1. Fehler mit dem Fehlerstrom I_d wird vom Isolationswächter optisch bzw. akustisch angezeigt.

Tritt ein **2. Fehler** an einem zweiten Gerät ⑦ auf, muss die Anlage sofort abgeschaltet werden. Über die Erder bildet sich ein Fehlerstromkreis mit I_a zwischen den Außenleitern L1 und L3. Das IT-System arbeitet jetzt wie ein TT-System (vgl. Kap. 1.9.4). D. h. es muss ein großer Strom I_a fließen, der zur Abschaltung durch das Schutzorgan führt.

Einen besseren Schutz im IT-System erreicht man durch **RCDs**, die den Fehlerstrom überwachen und bei $I_F = I_{\Delta N}$ sofort abschalten.

- Im IT-System bildet sich beim 1. Fehler kein gefährlicher Fehlerstromkreis, da der Sternpunkt des Netztransformators nicht geerdet ist.
- Bei einem 2. Fehler liegt gegen Erde die Leiterspannung. Es gelten die Bestimmungen wie beim TT-System, d. h. die Schutzeinrichtung muss sofort abschalten.

Aufgaben

1. Beschreiben Sie den besonderen Schutz durch Erdung in TN-, TT- und IT-Systemen!

2. Skizzieren Sie einen Fehlerstromkreis, wenn eine „defekte Stehleuchte" im TT-System angeschlossen ist!

3. Wie groß ist R_A im TT-System, wenn eine RCD ($I_{\Delta N} \le 0{,}1$ A) bei $U_L = 40$ V abschaltet?

4. Erklären Sie, warum sich im IT-System beim 1. Fehler (Körperschluss) kein Fehlerstromkreis bilden kann!

5. Beschreiben Sie den Verlauf des Fehlerstromes im IT-System bei einem 2. Fehler in der Anlage!

1.9.6 Schutz in Verteilungssystemen

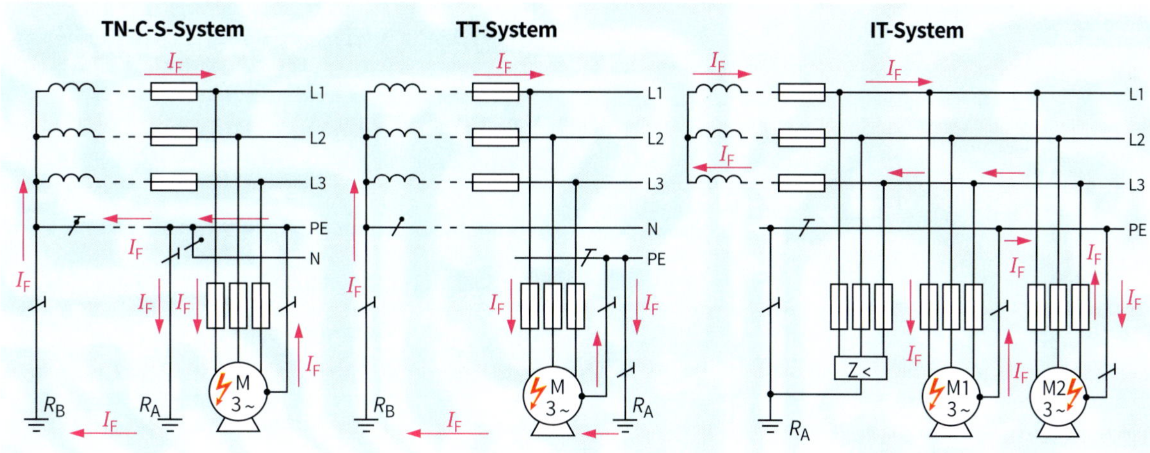

Fehlerstromkreise

TN-C-S-System	TT-System	IT-System
L1 → Motor → PE → R_A → R_B → / → PEN → ⅄ → L1	L1 → Motor → PE → R_A → R_B → ⅄ → L1	L1 → Motor 1 → PE → Motor 2 → L3 → ⅄ → L1

Einflussgrößen auf I_F

TN-C-S-System	TT-System	IT-System
• $q_{PE} \uparrow \Rightarrow R_{PE} \downarrow \Rightarrow I_F \uparrow$ • R_A und $R_B \downarrow \Rightarrow I_F \uparrow$ • Übergangswiderstand ($R_Ü$) zwischen Gehäuse und PE-Leiter sowie PEN-Leiter und Haupterdungsschiene	• $q_{PE} \uparrow \Rightarrow R_{PE} \downarrow \Rightarrow I_F \uparrow$ • R_A und $R_B \downarrow \Rightarrow I_F \uparrow$ • Übergangswiderstand ($R_Ü$) zwischen Gehäuse und PE-Leiter und zu R_A	• $q_{PE} \uparrow \Rightarrow R_{PE} \downarrow \Rightarrow I_F (I_d) \uparrow$ • Übergangswiderstand ($R_Ü$) zwischen Gehäuse und PE-Leiter und zu R_A

Feststellungen

TN-C-S-System	TT-System	IT-System
• Leiterquerschnitt und Erderwiderstände beeinflussen den Fehlerstrom nur gering. • Je kleiner die Widerstände sind, desto größer wird der Fehlerstrom I_F. • Der Fehlerstrom wird zum Kurzschlussstrom I_K. ⇒ Abschaltstrom I_a für das Überstrom-Schutzorgan.	• Leiterquerschnitt und Erderwiderstände beeinflussen I_F. • Je kleiner die Widerstände sind, desto größer wird I_F. • Der Fehlerstrom I_F (häufig als I_K bezeichnet) fließt über die Erdungsanlagen zum Sternpunkt des Netztransformators. ⇒ Abschaltstrom I_a für das Überstrom-Schutzorgan.	• Leiterquerschnitt beeinflusst den Fehlerstrom I_F. • Je kleiner die Widerstände sind, desto größer wird der Fehlerstrom I_F. • Widerstand zwischen Außenleiter und Erde verkleinert sich. ⇒ Isolations-Überwachungseinrichtung zeigt den ersten Fehler an.

Schutz gegen elektrischen Schlag

TN-C-S-System	TT-System	IT-System
• Schleifenimpedanz $Z_s \downarrow \Rightarrow$ • Abschaltstrom $I_a \uparrow \Rightarrow$ Abschaltzeit $t_a \Rightarrow \downarrow$ • Metallgehäuse sind über den Schutzleiter mit dem Sternpunkt ⅄ verbunden. Zusätzlich sind der PE-Leiter und der Transformator-Sternpunkt geerdet. Bei Körperschluss wird automatisch abgeschaltet.	• Summe der Widerstände des Erders und des PE-Leiters bis Gehäuse $R_A \downarrow \Rightarrow I_a \uparrow \Rightarrow$ Abschaltzeit $t_a \downarrow$ • Metallgehäuse sind über den Schutzleiter, den Erder und das Erdreich mit dem Sternpunkt ⅄ verbunden. Bei Körperschluss wird automatisch abgeschaltet.	• Meldung des 1. Fehlers • Auftreten eines 2. Fehlers ⇒ Abschaltstrom $I_a \uparrow \Rightarrow$ Abschaltzeit $t_a \downarrow$ • Metallgehäuse sind über den PE-Leiter mit dem Erder verbunden. Ein Körperschluss wird von der Schutzeinrichtung gemeldet. Bei einem zweiten Körperschluss wird abgeschaltet.

1.9.7 Schutzpotenzialausgleich und Schutzerdung

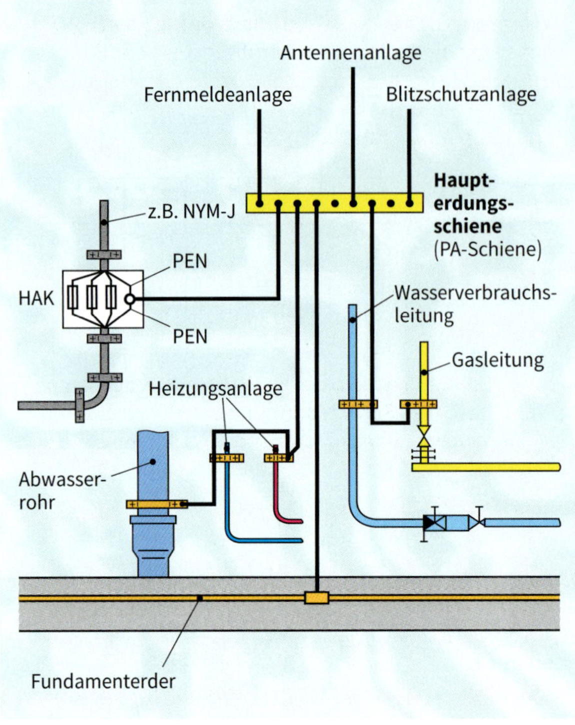

1: Schutzpotenzialausgleich in Wohnhäusern

q für Schutzpotenzialausgleichsleiter	
Werte	**Leiterquerschnitt**
Mindestwert	6 mm^2 (Cu)
Normalwert	0,5 x q_{PEmax}, dies ist der Hauptschutzleiter zwischen HAK und Zählerschrank
Maximalwert	25 mm^2 (Cu oder gleichwertiger Leitwert)

q für zusätzlichen Schutzpotenzialausgleichsleiter	
Werte	**Leiterquerschnitt**
Mindestwert	2,5 mm^2 (Cu) oder 4 mm^2 (Al) bei mechanischem Schutz 4 mm^2 (Cu) ohne mechanischen Schutz
Normalwert	1 x q_{PE}, zwischen zwei Gehäusen, 0,5 x q_{PE} zwischen Gehäuse und fremdem, leitfähigen Anlageteil

Bemessung des Fundamenterders:

- verzinkter Bandstahl mit den Maßen 30 mm x 3,5 mm (25 mm x 4 mm)
- verzinkter Rundstahl mit dem Durchmesser 10 mm (Mindestwert)

Die einzelnen Schutzleiter der verschiedenen Leitungssysteme einer Anlage zur Haupterdungsschiene heißen Schutzpotenzialausgleichsleiter (Abb. 1).

Funktion der Schutzpotenzialausgleichsleiter

Da alle Metallteile und Gehäuse von Elektrogeräten miteinander verbunden sind, haben diese Teile immer dasselbe Potenzial. Es kann also bei Berühren verschiedener Metallteile **keine Berührungsspannung** entstehen.

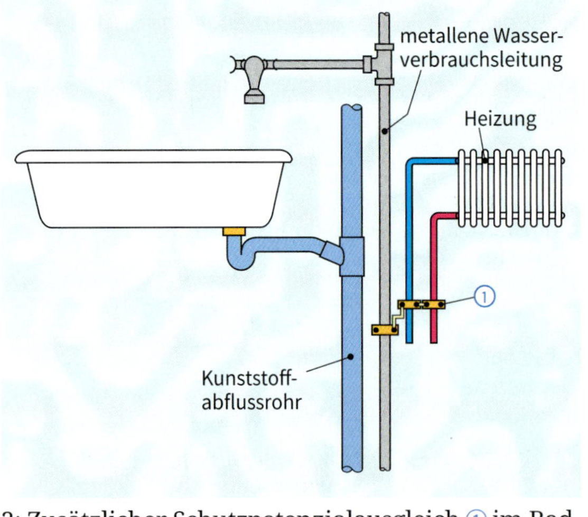

2: Zusätzlicher Schutzpotenzialausgleich ① im Bad

Zusätzlicher Schutzpotenzialausgleich

Zum besonderen Schutz eines Teils einer elektrischen Anlage (örtlich begrenzter Raum) ist ein zusätzlicher Schutzpotenzialausgleich zu installieren (Abb. 2).Ein zusätzlicher Schutzpotenzialausgleich ist erforderlich in

- Bädern und Schwimmbädern in den Bereichen 0, 1 und 2 (vgl. Kap. 2.3.3),
- feuergefährdeten und landwirtschaftlichen Betriebsstätten sowie
- bei Stahlkonstruktionen (Stahlmasten, Brückengeländer u. ä.)

Schutzpotenzialausgleich bei Antennenanlagen

Die metallenen Abschirmungen von Koaxialkabeln müssen am Eingang und am Ausgang der Verstärker jeweils über eine Erdungsschiene miteinander verbunden sein. Die Erdungsschienen müssen über Erdungsleitungen mit der Haupterdungsschiene verbunden sein (Abb. 3).

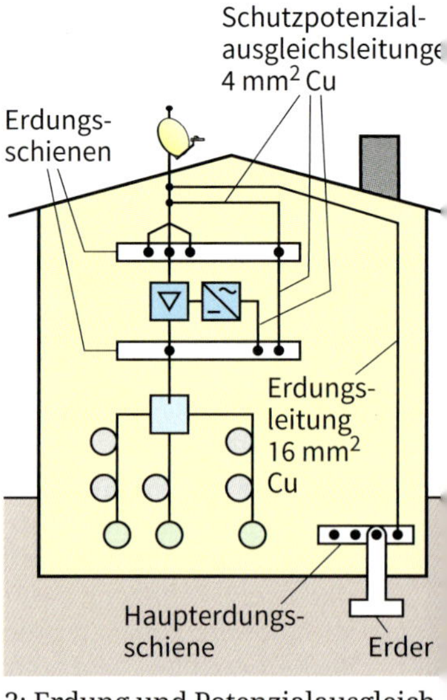

3: Erdung und Potenzialausgleich

Erfolgt der Rundfunk- und Fernsehempfang über ein BK-Netz, dann muss von den Erdungsschienen am Verstärker (Hausübergabepunkt) eine Schutzpotenzialausgleichsleitung ($q = 4\ \mathrm{mm}^2$) zum Schutzpotenzialausgleich verlegt werden.

Erdung des Sternpunktes am Netztransformator

Bei bestimmten Versorgungssystemen wird der Sternpunkt des Netztransformators geerdet ($R_B \approx 2\ \Omega$). Der Schutz gegen elektrischen Schlag ist gewährleistet, wenn in der Verbraucheranlage eine Erdung, z. B. über den Fundamenterder, installiert ist ($R_A \approx 10\ \Omega$).

Arten und Verlegung von Erdern

Durch Erder und deren Verlegung wird die Schutzwirkung einer Anlage beeinflusst. Als Erder werden verwendet:

- **feuerverzinkte Bänder, Stäbe oder Platten**, die in ausreichender Tiefe in den frostfreien Bereich des Erdbodens gelegt werden.
- **Banderder**, die strahlen-, ring- oder maschenförmig verlegt werden.
- **Fundamenterder**

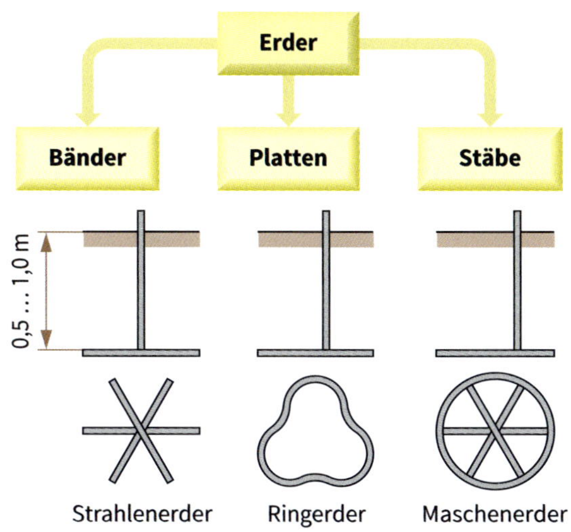

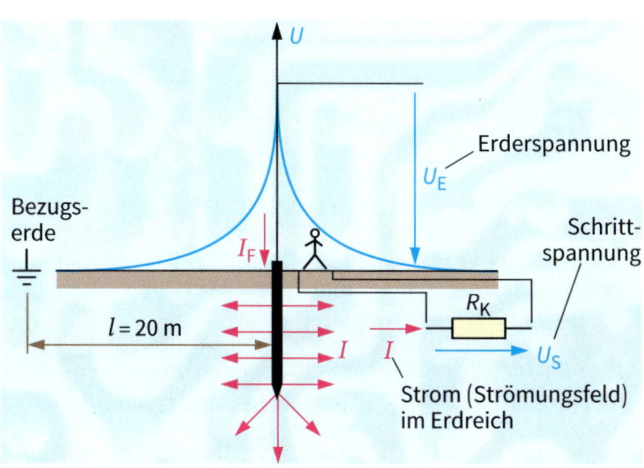

4: Spannungstrichter eines Staberders

Welche Auswirkung hat ein Isolationsfehler im näheren Bereich des Erders?

Im Bereich des Erders tritt eine **Erderspannung U_E** auf, wenn ein Außenleiter Berührung mit der Erde hat. Nahe des Erders kann U_E die Größe der Netzspannung U_0 annehmen. Wegen ihres Verlaufs spricht man von einem **Spannungstrichter** (Abb. 4).

Wirkungen am Erder bei einem Erdschluss

Am Erder breitet sich der **Fehlerstrom** strahlenförmig in alle Richtungen aus.

Austrittsfläche $A \downarrow \Rightarrow$

Widerstand $R_E \uparrow \Rightarrow$

Spannung $U \uparrow$

- Der Spannungsfall ist in der Nähe des Erders am größten. Die „Schrittspannung U_S", d. h. die durch einen Schritt überbrückte Spannung, kann bei Betreten dieses Bereichs zum Unfall führen.
- Im Fehlerfall, z. B. ein Außenleiter fällt zu Boden, sich mit schleifenden Schritten aus dem Spannungstrichter entfernen. Eine Schrittspannung kann dann nicht auftreten.

- Schutzpotenzialausgleich wird durch leitende Verbindungen der metallenen Gehäuse erreicht.
- Der Schutzpotenzialausgleich stellt sicher, dass alle gleichzeitig erreichbaren Metallteile dasselbe Potenzial haben.
- Durch den Schutzpotenzialausgleich kann keine Berührungsspannung zwischen den Metallteilen auftreten.
- Die Schrittspannung ist die Spannung, die ein Mensch bei einem Erdschluss in der Nähe des Erders mit einem Schritt überbrücken kann.

Aufgaben

1. Welcher Schutz wird durch die Haupterdungsschiene sichergestellt?
2. Legen Sie bei einem 4-Leiter-System ($4 \cdot 70\ \mathrm{mm}^2$) den Querschnitt des Schutzpotenzialausgleichsleiters fest!
3. Beschreiben Sie den Unterschied zwischen Schutzpotenzialausgleich und zusätzlichem Schutzpotenzialausgleich!
4. Nennen Sie vier Betriebsstätten, wo ein zusätzlicher Schutzpotenzialausgleich installiert werden muss!
5. Beschreiben Sie die Installation des Schutzpotenzialausgleichs für Antennenanlagen!
6. Wie verläuft die Erderspannung bei einem Erdschluss?
Erklären Sie den Begriff „Schrittspannung"!

1.9.8 Nicht leitende Umgebung

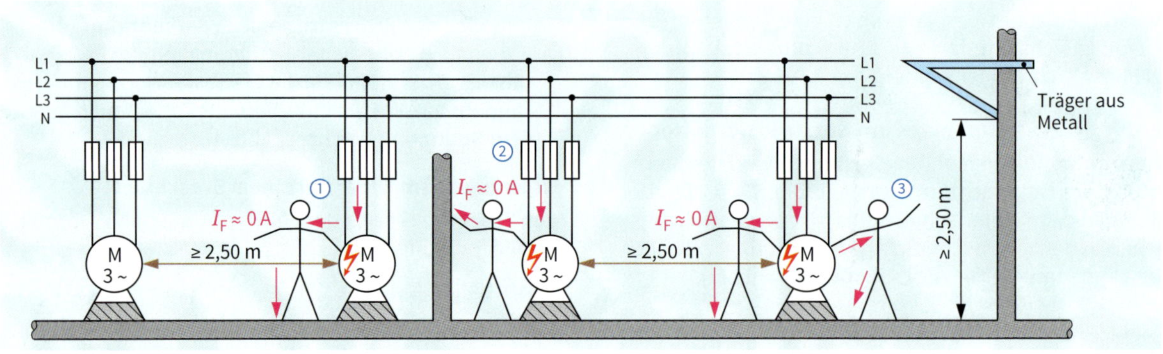

1: Fehlerstrom in nicht leitender Umgebung

Sehr schlecht leitende Räume werden als **nicht leitender Umgebung** bezeichnet. Bei einem Körperschluss entsteht eine Berührungsspannung. Dann fließt beim Berühren ein Fehlerstrom über den menschlichen Körper. Es müssen also Maßnahmen getroffen werden, damit es zu keiner unzulässig hohen Berührungsspannung kommt.

Als Beispiel betrachten wir einen Elektromotor, dessen Gehäuse wegen eines Körperschlusses unter Spannung steht (Abb. 1). Ist nun der Motor auf einem **isolierenden Fußboden** installiert, kann beim Berühren nur ein sehr kleiner Fehlerstrom über den Körperwiderstand des Menschen und den hochohmigen Widerstand des Fußbodens fließen. Dieser Strom wird kaum wahrgenommen.

Haben wir es aber mit zwei fehlerhaften Motoren (Kurzschluss) zu tun, kann an den Gehäusen der Motoren die Leiterspannung, z. B. 400 V, liegen. Deshalb muss zwischen Motoren und anderen leitenden Teilen der Mindestabstand für den Handbereich eingehalten werden.

In nicht leitender Umgebung müssen Wände und Fußböden isoliert sein. Für den Isolationswiderstand R_{iso} gelten folgende Grenzwerte für Anlagen mit Wechselspannung:

- $U_N \leq 500$ V AC mit Prüfspannung $U_P \geq 500$ V DC
- $U_N > 500$ V AC mit Prüfspannung $U_P \geq 1000$ V DC
  $\Rightarrow R_{iso} \geq 1$ MΩ

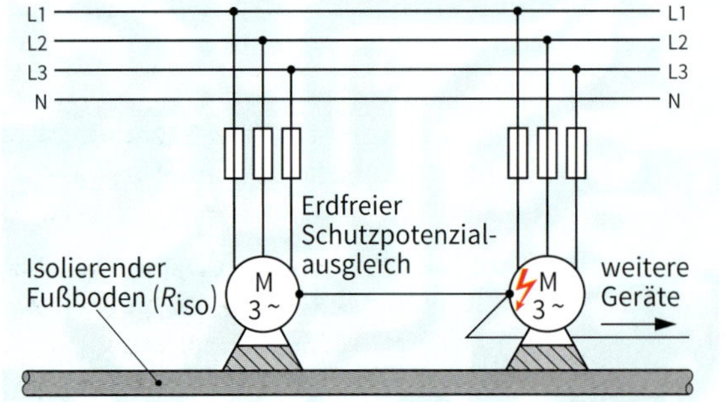

2: Erdfreier, örtlicher Schutzpotenzialausgleich

Schutzpotenzialausgleich in nicht leitender Umgebung

In nicht leitender Umgebung darf an fest eingebauten Geräten der Schutzklasse I und an Steckdosen kein Schutzleiter angeschlossen werden. Es ist jedoch erlaubt, mit Hilfe eines Schutzleiters die Gehäuse aller Geräte miteinander zu verbinden (Abb. 2). Damit wird erreicht, dass alle leitfähigen Teile dasselbe Potenzial haben. Diese Maßnahme wird als **erdfreier, örtlicher Schutzpotenzialausgleich** bezeichnet. Ein Mindestabstand zwischen den Geräten ist hier nicht erforderlich.

Installationsbedingungen

- Örtlicher Schutzpotenzialausgleich darf nicht mit der Erde verbunden sein.
- An den Geräten keinen Schutzleiter anschließen.

- In nicht leitender Umgebung müssen die Mindestwerte für den Isolationswiderstand eingehalten werden.
- Durch Anordnung der Geräte (Handbereich) kann es zu keiner gefährlichen Berührungsspannung kommen.
- Der erdfreie, örtliche Schutzpotenzialausgleich verhindert das Entstehen einer Potenzialdifferenz zwischen zwei nicht geerdeten Geräten.

Aufgaben

1. Beschreiben Sie, durch welche Maßnahmen der Schutz in nicht leitender Umgebung gewährleistet wird!

2. Warum ist die Stromstärke ungefähr Null, wenn die Fehlerfälle ① bis ③ vorliegen (Abb. 1)? Begründen Sie Ihre Antwort!

3. Nennen Sie zwei Installationsbedingungen beim erdfreien, örtlichen Schutzpotenzialausgleich!

4. Wann ist kein Mindestabstand zwischen einzelnen Geräten erforderlich?

1.9.9 Prüfung der Schutzmaßnahmen

Vor Inbetriebnahme bzw. bei wesentlichen Änderungen und Instandsetzungen muss die Anlage von einer Elektrofachkraft bzw. befähigten Person geprüft werden. Die Prüfung erfolgt gemäß folgender Vorschriften:

- DIN VDE 0100-600
- DGUV Vorschrift 3

Die Prüfung gliedert sich in folgende Teile:

- **Besichtigung** (z. B. Betriebsmittelauswahl, Dokumentation)
- **Erprobung** (z. B. Schutzeinrichtungen, Rechtsdrehfeld)
- **Messung** (z. B. Schleifen- und Isolationswiderstand)

Besichtigen	i.O.	n.i.O.		i.O.	n.i.O.
Auswahl der Betriebsmittel	☐	☐	Kennzeichnung Stromkreis, Betriebsmittel	☐	☐
Trenn- und Schaltgeräte	☐	☐	Kennzeichnung N- und PE-Leiter	☐	☐
Brandabschottungen	☐	☐	Leiterverbindungen	☐	☐
Gebäudesystemtechnik	☐	☐	Schutz- und Überwachungseinrichtungen	☐	☐
Kabel, Leitungen, Stromschienen	☐	☐	Basisschutz	☐	☐
Erproben			Funktion der Schutz-, Sicherheits- und		
Funktionsprüfung der Anlage	☐	☐	Überwachungseinrichtungen	☐	☐
FI-Schutzschalter (RCD)	☐	☐	Drehrichtung der Motoren	☐	☐

Die Ergebnisse der **Besichtigung und Erprobung** in Form einer Checkliste bearbeiten.

- Bei einer Wiederholungsprüfung die fehlerhaften Bestandteile kennzeichnen.
- Bei der Erstprüfung muss jeder Fehler umgehend beseitigt und durch erneute Kontrolle der fehlerfreie Zustand der Anlage bestätigt werden.

Messen Stromkreisverteiler Nr.:

Stromkreis Nr.	Zielbezeichnung	Leitung/Kabel Typ	Leiter Anzahl	Querschnitt (mm²)	Überstrom-Schutzeinrichtung Art Charakteristik	I_N [A]	Z_s [Ω] ☐ I_k [A] ☐	R_{iso} (MΩ) ohne ☐ mit ☐ Verbraucher	Fehl… I_N/Art [A]	$I_{\Delta N}$ [mA]	I_Δ [mA]	Ausl.-Zeit t_a [ms]	U_L = …V U_{mess} (V)	code
			X											
			X											
			X											
			X											
			X											
			X											
			X											
			X											
			X											
			X											
			X											
			X											

In der vorgegebenen Tabelle werden die technischen Daten für jeden Stromkreis erfasst und die zugehörigen **Messergebnisse** eingetragen. Bei einer Wiederholungsprüfung werden die Fehler in Form eines Fehlercodes dokumentiert.

Der Messwert des Erdungswiderstandes sowie das Ergebnis der Niederohmmessung wird nur auf dem ersten Blatt des Prüfprotokolls eingetragen.

Durchgängigkeit Schutzpotenzialausgleich (≤ 1 Ω nachgewiesen) Erdungswiderstand: R_E ………… Ω

Fundamenterder	☐	Hauptwasserleitung	☐	Heizungsanlage	☐	EDV-Anlage	☐	Antennenanlage BK	☐
Haupterdungsschiene	☐	Hauptschutzleiter	☐	Klimaanlage	☐	Telefonanlage	☐	Gebäudekonstruktion	☐
Wasserzwischenzähler	☐	Gasinnenleitung	☐	Aufzugsanlage	☐	Blitzschutzanlage	☐		☐

verwendete Messgeräte nach DIN VDE	Fabrikat: Typ:	Fabrikat: Typ:	Fabrikat: Typ:

Das Prüfprotokoll enthält weiterhin nur auf dem ersten Blatt die genaue **Typenbezeichnung** der verwendeten **Messgeräte**.

Prüfergebnis: keine Mängel festgestellt ☐ Mängel festgestellt ☐ | Prüf-Plakette angebracht: ja ☐ nein ☐ | Nächster Prüftermin:

Auftraggeber:
Gemäß Übergabebericht elektrische Anlage vollständig übernommen ☐
Zustandsbericht erhalten ☐
Ort Datum Unterschrift

Prüfer:
Die elektrische Anlage entspricht den anerkannten Regeln der Elektrotechnik ☐
Die elektrische Anlage entspricht nicht den anerkannten Regeln der Elektrotechnik ☐
Ort Datum Unterschrift

Abschließend werden das **Gesamtergebnis der Prüfung** sowie der nächste **Prüftermin** eingetragen.

- Der Prüfer bestätigt durch die **Unterschrift** gegenüber dem Auftraggeber und seinem Unternehmer, dass die Prüfung vorschriftsmäßig durchgeführt wurde.
- Der Auftraggeber bzw. der Beauftragte unterschreibt bei der Erstprüfung, dass er die Anlage vollständig funktionsfähig übernimmt.
- Diese Unterschriften sind auf jedem weiteren Blatt des Protokolls zu leisten.

3: Prüfprotokoll (Ausschnitt)

Die Ergebnisse der Prüfung werden in einem **Prüfprotokoll** (Abb. 3) zusammengefasst. Dieser Bericht enthält die **Bestandsdaten** (Anlagedaten, Prüfer, Prüfzeitpunkt usw.), die **Prüfungsbestimmungen**, die **Art der Prüfung** sowie die Ergebnisse der **Besichtigung**, **Erprobung** und **Messung**.

1. Prüfen der Schutz- u. Schutzpotenzialausgleichsleiter

Beim Besichtigen muss festgestellt werden, ob alle Schutzleiter sowie Schutzpotenzialausgleichsleiter der Rohr- und Metallteile an der Haupterdungschiene angeschlossen sind. Die **Durchgängigkeit der Verbindungen** wird gemessen. Der Widerstand der Verbindungen muss **niederohmig** sein.

Das **Prüfprotokoll** in der untersuchten Anlage gibt hier einen Wert von $R_{L0} \approx 0\ \Omega$ an. Der vorhandene Widerstand ist vernachlässigbar klein.

Wie wird diese Messung durchgeführt?

Mit einem Widerstandsmessgerät werden folgende Widerstände gemessen:

1. R_{PE} des Schutzleiters von PE-Schiene des Stromkreis-Verteilers zur Steckdose,
2. R_{PE} und Durchgängigkeit von Verbindungen zwischen leitfähigen Teilen der Anlage und dem Schutzleiter,
3. R_{PE} des Leiters zwischen Erder und Haupterdungsschiene.

2. Messung der Schleifenimpedanz

Die Schleifenimpedanz ist wichtig, um den Kurzschlussstrom zu berechnen. Moderne Messgeräte zeigen direkt den möglichen Kurzschlussstrom an.

Das Messgerät zur Bestimmung der Schleifenimpedanz ist in Abb. 1 dargestellt. Das Gerät wird an eine **Schutzkontaktsteckdose** angeschlossen. Dabei wird der Widerstand zwischen Außenleiter und Schutzleiter gemessen. Die Steckdose soll möglichst weit von der Verteilung entfernt sein. Dadurch wird der größtmögliche Widerstandswert für Z_S der Anlage gemessen.

Das **Prüfprotokoll** enthält für die Messungen der Schleifenimpedanz folgende Werte:

- $Z_{SL1} = 0{,}16\ \Omega \quad \Longrightarrow \quad I_K = 1{,}43$ kA

  nach $I_K = I_a = \dfrac{U_0}{Z_S}$

- $Z_{SL2} = Z_{SL3} = 0{,}15\ \Omega \quad I_K = 1{,}53$ kA

Die Werte für Z_S sind klein, sodass dadurch ein hoher Abschaltstrom ($I_a = I_K$) entsteht, der innerhalb der geforderten Zeit automatisch das fehlerhafte Anlagenteil abschaltet.

Auf dem Display eines Messgerätes wurden z. B. zwei Werte angezeigt

- Schleifenimpedanz $Z_S = 2{,}81\ \Omega$ und
- Kurzschlussstrom $I_K = 81$ A.

Bei einem Erdschluss fließt bei der Wechselspannung 230 V der Strom I_K durch die Widerstandsschleife. Der Wert für Z_S ist klein. Er bewirkt daher die sichere Abschaltung im Fehlerfall.

1: Messung der Schleifenimpedanz

Maximale Schleifenimpedanz

Geg.:
TN-System mit den Netzspannungen 400/230 V
Abschaltzeit $t_a \leq 0{,}4$ s (vgl. Kap. 1.9.3)

Ges.:
Maximale Größe von Z_S bei 10 A - Schmelzsicherung des Typs gG

$I_N = 10$ A $\qquad I_a \approx 8 \cdot I_N \qquad I_a \approx 80$ A

$Z_{Smax} = \dfrac{U_0}{I_a} \qquad Z_{Smax} = \dfrac{230\ \text{V}}{80\ \text{A}}$

$\underline{\underline{Z_{Smax} = 2{,}875\ \Omega}}$

Feststellung:
Der errechnete Wert ist größer als der angezeigte Wert. Damit ist gewährleistet, dass I_K genügend groß wird.

Bei gleichem Kurzschlussstrom lösen Leitungsschutz-Schalter schneller aus als Schmelzsicherungen. Bei den gemessenen Werten für die Schleifenimpedanz würde der Kurzschlussstrom größer als bei dem Wert für Z_S in der Rechnung. Es wird eine schnellere Abschaltung erreicht.

- Schutzleiter und Schutzpotenzialausgleichsleiter müssen auf Durchgängigkeit geprüft werden.
- Die Schleifenimpedanz wird an Außenleiter und PE-Leiter gemessen.
- Die Schleifenimpedanz muss je Stromkreis an der entferntesten Stelle gemessen werden.

3. Messung des Isolationswiderstandes

Leitungen und Kabel besitzen eine Basis- und Aderisolierung. Die Isolierwerkstoffe haben sehr große Widerstände. Durch Schrauben, Nägel u.ä. kann jedoch bei der Installation die Isolierung beschädigt werden. Dann treten trotz guter Isolierung **Ableitströme** auf.

Im Fehlerfall können diese Ströme Brände verursachen. Aus diesem Grund muss der Isolationswiderstand der Anlage gemessen werden.

Der Isolationswiderstand wird mit der jeweils angegebenen Messgleichspannung gemessen (vgl. Tabelle). Er ist ausreichend, wenn der angegebene Wert für R_{iso} nicht unterschritten wird.

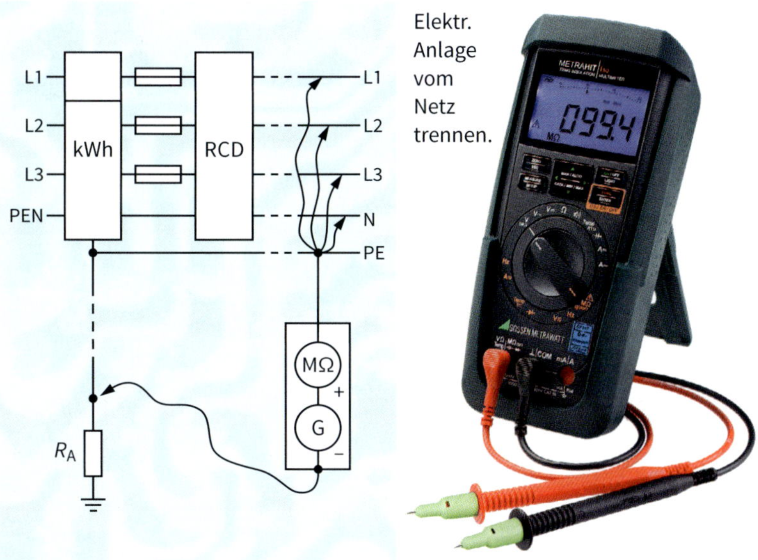

2: Messung des Isolationswiderstandes

Wie wird der Isolationswiderstand gemessen?

Die Messung erfolgt bei abgeschalteten Geräten und unterbrochener Netzverbindung. Folgende vereinfachte Messungen sind erforderlich:

- Alle Außenleiter mit Neutralleiter verbinden und R_{iso} zwischen den gebrückten Leitern und der Erde (PEN-Leiter) messen (Abb. 2).
- Messung jeweils zwischen den aktiven Leitern L1, L2, L3, N sowie zwischen den aktiven Leitern und dem Schutzleiter PE.

Mit dem Universal-Messgerät nach Abb. 2 wurde in der elektrischen Anlage ohne angeschlossene Verbraucher ein Isolationswiderstand von R_{iso} = 99,4 MΩ gemessen.

Art des Stromkreises	Messgleichspannung DC	R_{iso}
SELV und PELV	U = 250 V	≥ 0,5 MΩ
Netzspannung $U_0 \leq 500$ V z. B. in elektrischen Anlagen mit trockenen und feuchten Bereichen, FELV	U = 500 V	≥ 1 MΩ
Netzspannung $U_0 > 500$ V z. B. in Anlagen mit elektrischen Maschinen	U = 1000 V	≥ 1 MΩ

Damit wird der geforderte Wert von 1 MΩ weit überschritten. Ein genügend hoher **Berührungsschutz** ist vorhanden.

- Der Isolationswiderstand ist der Widerstand des Isoliermaterials der Leitungen und Kabel.
- Der Isolationswiderstand wird bei abgeschalteter Anlage zwischen den gebrückten Außenleitern mit Neutralleiter und dem Schutzleiter sowie jeweils zwischen den aktiven Leitern gemessen.

Aufgaben

1. Warum müssen Schutzpotenzialausgleichsleiter mit der Haupterdungsschiene fest verbunden sein?
2. Wie erfolgt die Messung der Schleifenimpedanz?
3. Wie groß darf die Schleifenimpedanz Z_S in einer Anlage mit einer 20 A-Sicherung maximal sein?
4. Warum soll der Schleifenwiderstand an der entferntesten Stelle im Stromkreis gemessen werden?
5. Was versteht man unter dem Isolationswiderstand von Leitern?
6. Beschreiben Sie, wie der Isolationswiderstand einer Anlage 400/230 V gemessen wird!
7. Welcher Mindestwert für R_{iso} ist bei einer Anlage mit der Betriebsspannung von 12 V einzuhalten?
8. Beschreiben Sie die Messung von R_{iso} für eine Anlage mit Sicherheitskleinspannung!

Netzabhängige Messung
Sonde + Netz + Strommesser + Spannungsmesser + abgetrennter Erder R_A

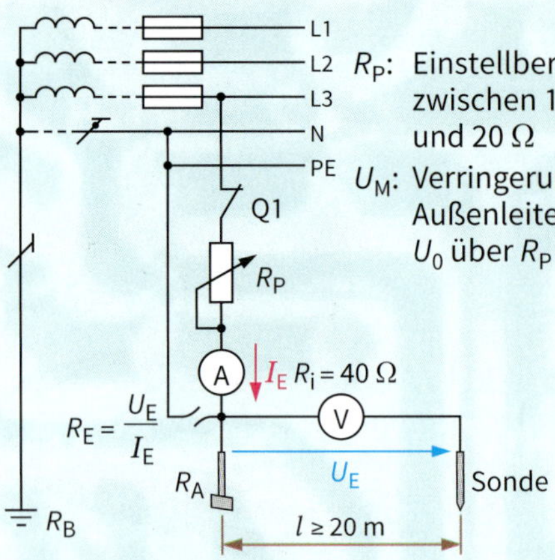

R_P: Einstellbereich zwischen 1000 Ω und 20 Ω
U_M: Verringerung der Außenleiterspannung U_0 über R_P auf $U_M < 50$ V

- **Spannungsquelle:** $U = 230$ V (netzabhängig).
- **Messstrom:** Strom, der zwischen Sonde und Bezugserder (Abstand > 20 m) durch den Boden fließt, bewirkt den Spannungsfall ΔU.
- **Erdungswiderstand:** U_E dividiert durch I_E.

Netzunabhängige Messung
Erdungsmessgerät + Sonde + Hilfserder + abgetrennter Erder R_A

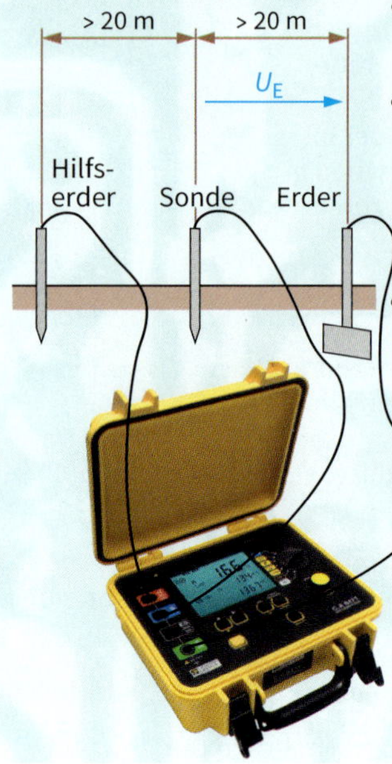

- **Spannungsquelle** Batterie
- **Frequenz** des Prüfstromes 70-140 Hz (Störquelle: Netzfrequenz 50 Hz wird vermieden).
- **Erdungswiderstand:** $R_E = \frac{U_E}{I_E}$

1: Messung des Erdungswiderstandes

4. Messung des Erdungswiderstandes

In TT- und IT-Systemen ist die Größe des Erdungswiderstandes R_A für die automatische Abschaltung wichtig (vgl. Kap. 1.9.4 und 1.9.5). Die Werte müssen niederohmig sein, damit ein genügend hoher Kurzschlussstrom fließt, der das fehlerhafte Anlagenteil abschaltet.

Beim Erdungswiderstand unterscheidet man den

- **Widerstand der Erder** (z. B. Staberder, Banderder, Ringerder) und
- den **spezifischen Widerstand des Bodens** (spezifischer Erdwiderstand ϱ_E).

Boden	**Spezifischer Erdwiderstand ϱ_E**
Lehm, Ton	20 Ωm bis 100 Ωm
Sand, Kies	0,2 kΩm bis 1,0 kΩm

Mit steigender Feuchtigkeit im Erdreich sinkt der spezifische Erdwiderstand.

Kann der Erdungswiderstand wegen der örtlichen Lage, z. B. in Städten, nicht gemessen werden, ist mit der Zweileitermessung eine Berechnung möglich (Abb. 1). Der Widerstand R_E ergibt sich aus dem Quotient von Spannung U_E durch den Strom I_E. U_E liegt zwischen Erder R_A und Sonde.

Wird z. B. bei der Messung für den Erdungswiderstand ein Wert von $R_E = 0{,}16\ \Omega$ gemessen, dann fließt im Fehlerfall ein hoher Strom über den Erder.

- Der Erdungswiderstand hängt vom Widerstand des Erders und dem spezifischen Widerstand des Bodens ab.

5. Messung des Netzinnenwiderstandes

Auf dem Prüfprotokoll finden Sie die Messung zum Netzinnenwiderstand. Diese Messung ist eine Kontrollmessung zur Wirksamkeit von Schutzmaßnahmen (nach DIN VDE 0100-600 nicht gefordert). Die Messung des Netzinnenwiderstandes unterscheidet sich von der Messung der Schleifenimpedanz.

Wie wird die R_i-Messung durchgeführt?

Bei der R_i-Messung wird das Messgerät an einer Steckdose mit dem Außenleiter und dem Neutralleiter verbunden. Sie wird ähnlich wie die Messung der Schleifenimpedanz Z_S durchgeführt. Bei einer Messung werden z. B. folgende Werte für R_i gemessen:

- $R_{iL1} = 0{,}19\ \Omega \Rightarrow I_K = 1{,}21$ kA und
- $R_{iL2} = 0{,}18\ \Omega \Rightarrow I_K = 1{,}27$ kA

Die Werte für R_i sind klein, sodass ein Kurzschlussstrom von 1,27 kA fließen würde. Dieser führt sofort zur automatischen Abschaltung des Anlagenteils.

Welche Bedeutung hat die R_i-Messung?

Für den Errichter einer elektrischen Anlage ermöglicht diese Messung Hinweise auf mögliche Fehler. Das verwendete Prüfgerät ist mit Hilfe des Funktionsschalters von Z_S- auf R_i-Messung umschaltbar (Abb. 2).

1. Messung

Schleifenimpedanz: $Z_S \uparrow$
Netzinnenwiderstand: $R_i \uparrow \Rightarrow$ Fehler:
Hoher **Übergangswiderstand im Außenleiter** z. B. Klemme in Abzweigdose

2. Messung

Schleifenimpedanz: $Z_S \uparrow$
Netzinnenwiderstand: $R_i \downarrow \Rightarrow$ Fehler:
Hoher **Übergangswiderstand im Schutzleiter** z. B. Klemme in Abzweigdose

Vergleich

Umschaltung von R_i- auf Z_S-Messung bewirkt Auslösen der RCD.

$\Rightarrow$ Fehler:

Die Anschlüsse von **PE- und N-Leiter sind vertauscht**.

Berechnung des Netzinnenwiderstandes R_i

Für die Widerstände der Wicklung des Netztransformators und der Leitungen (VNB-System) kann ein Wert von $R = 0{,}3\ \Omega$ angenommen werden:

Die Berechnung von R_{imax} der Verbraucheranlage wird aus dem zulässigen Spannungsfall für die Anlage bei maximalem Strom (Absicherung des Stromkreises) wie folgt berechnet:

- Spannungsfall vom Hausanschluss bis zum Zähler laut TAB des VNB 0,5 %,
- Spannungsfall vom Zähler bis zum Verbraucher laut DIN 18015-1 3,0 %,
- gesamter zulässiger Spannungsfall ist 3,5 %, d. h. bei $U_0 = 230$ V ergibt sich für $\Delta U_{max} = 8{,}05$ V und
- Absicherung des Stromkreises mit $I_N = 16$ A ergibt:

$$R_{imax} = \frac{\Delta U_{max}}{I_N} \qquad R_{imax} = \frac{8{,}05\ \text{V}}{16\ \text{A}} \qquad \underline{\underline{R_{imax} = 0{,}503\ \Omega}}$$

In elektrischen Anlagen von Haushalten liegt der tatsächliche Wert für R_i erheblich unter dem errechneten Wert, weil die Leitungslänge von der Verteilung zu den Verbrauchern kurz ist.

Kleinere Werte für R_i sind dort möglich, wo der Hausanschluss nahe an einer Transformator-Station liegt. Der maximale Wert für R_i liegt erfahrungsgemäß bei ca. 0,8 Ω.

- Der Netzinnenwiderstand ist der Gesamtwiderstand des Stromkreises von Außenleiter, Wicklung des Netztransformators und Neutralleiter.
- Die Messung des Netzinnenwiderstandes ist eine Kontrollmessung für den richtigen Anschluss des PE-Leiters.

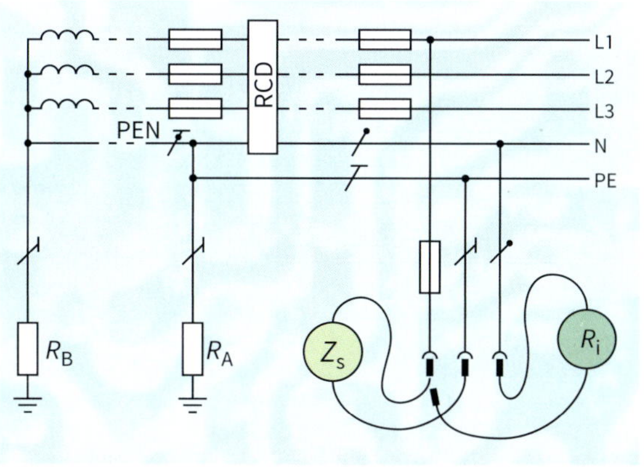

2: Messung des Netzinnenwiderstandes

6. Prüfung der Fehlerstrom-Schutzeinrichtung

Bei der Prüfung einer Fehlerstrom-Schutzeinrichtung werden durch einen künstlich erzeugten Fehler (Körperschluss) die Abschaltzeit und der Abschaltstrom kontrolliert.

Messverfahren bei Prüfung der FI-Schutzeinrichtung

Die Prüfung dieser Schutzmaßnahme setzt sich aus folgenden Teilprüfungen zusammen:

Funktionsprüfung des Gerätes (RCD)

Bei Betätigen der Prüftaste an RCD wird künstlich ein Fehlerstrom erzeugt. Die RCD muss sofort abschalten.

Prüfung der FI-Schutzeinrichtung

Sie besteht aus mehreren Teilprüfungen z. B.

- Messen der **Berührungsspannung $U_{L\Delta N}$** bezogen auf $I_{\Delta N}$ (ohne Auslösung der RCD),
- Auslöseprüfung mit Messung der **Auslösezeit,**
- **Prüfen von RCDs** ($I_{\Delta N} \leq 10$ mA bzw. ≤ 30 mA) bei $5 \cdot I_{\Delta N}$.

Aufgaben

1. Welche Größen beeinflussen den Erdungswiderstand?

2. Beschreiben Sie, warum in TT- und IT-Systemen die Größe des Erdungswiderstandes von Bedeutung ist!

3. Beschreiben Sie mit Hilfe einer Skizze die netzunabhängige Messung des Erdungswiderstandes!

4. Zeichnen Sie die Ersatz-Widerstandsschaltung für die Schleifenimpedanz und den Netzinnenwiderstand!

5. Was kann mit der Messung des Netzinnenwiderstandes kontrolliert werden?

6. Erklären Sie, warum sich durch Umschalten am Prüfgerät von R_i- auf Z_S-Messung der richtige Anschluss einer RCD kontrollieren lässt!

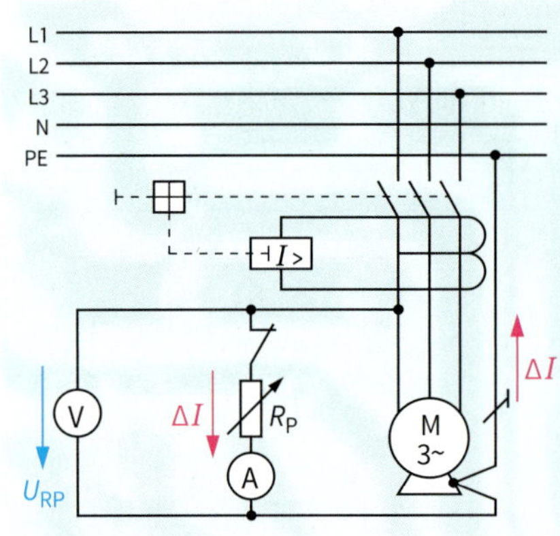

1: Prüfung der FI-Schutzeinrichtung

2: Universal-Prüfgerät beim Prüfen der RCD

Eine RCD muss auslösen, wenn aufgrund eines Körperschlusses ein **Differenzstrom** entsteht. Dieser Teilstrom ($\Delta I = I_{\Delta N}$) fließt dann über den Schutzleiter zurück (Abb. 1).

Mit dem Universal-Prüfgerät nach Abb. 2 kann mit Hilfe des Funktionsschalters die Prüfung für RCDs vorgenommen werden.

Anzeige auf dem Display

Eine Messung zeigt für die RCD ($I_{\Delta N} \leq 300$ mA) der geprüften Anlage folgende Werte an:

- **zulässige Berührungsspannung** $U_{L\Delta N} = 5{,}8$ V,
- **Auslösezeit** $t_a = 38$ ms, bei der die RCD abschalten muss,
- **Erdungswiderstand** der Anlage mit 19,3 Ω.

Die RCD schaltet bei einer Fehlerspannung von 5,8 V nach 38 ms den Fehlerstromkreis ab. Der gemessene Wert unterschreitet den Sollwert von 50 V. Die Anlage entspricht den DIN VDE-Vorschriften.

- Die Prüfung der Fehlerstrom-Schutzeinrichtung besteht aus der Funktionsprüfung der RCD und der Prüfung der Anlage im Fehlerfall.
- Zur Prüfung der Anlage gehören die Messung der Berührungsspannung und die Auslöseprüfung mit Messung der Auslösezeit.

Aufgaben

1. Aus welchen Teilen setzt sich die Prüfung einer Fehlerstrom-Schutzeinrichtung zusammen?
2. Erklären Sie die Schaltung zur Prüfung der Funktionsfähigkeit der Fehlerstrom-Schutzeinrichtung!
3. Beschreiben Sie die Funktionsprüfung der Anlage mit RCD!
4. Wie kommt es zu einem Differenzstrom, wenn die Anlage mit RCD geprüft wird?
Erklären Sie den Vorgang anhand einer Schaltskizze!

Prüfungen in Verbraucheranlagen nach DIN VDE 0100-600
- Messung des Isolationswiderstandes zwischen Außen- und Neutralleiter sowie Neutral- und Schutzleiter.
- Prüfung der Phasenfolge und Spannungsmessung gegen Erde.
- Messung des Widerstandes zwischen Neutralleiter und Schutzleiter.
- Messung des Widerstandes der Schutzpotenzialausgleichsleiter.
- Prüfung der richtigen Zuordnung der Neutralleiter zu den einzelnen RCDs.

⇓ ⇓ ⇓

TN		TT		IT	
	• Messung der Schleifenimpedanz Z_S • Prüfung der FI-Schutzeinrichtung		• Messung des Erdungswiderstandes R_A • Prüfung der FI-Schutzeinrichtung		• Messung des Erdungswiderstandes R_A • Prüfung der FI-Schutzeinrichtung • Isolations-Überwachungseinrichtung

Für die Durchführung der Prüfungen wird laut DIN VDE 0100-600 (siehe Kapitel 6.4.3.1) eine bestimmte Reihenfolge empfohlen.

1.10 Prüfung elektrischer Geräte

In diesem Kapitel wird die Prüfung elektrischer Geräte behandelt (z. B. Elektroheizgeräte). Diese Prüfung ist gemäß der Unfallverhütungsvorschrift der Berufsgenossenschaften (DGUV Vorschrift 3) bzw. Betriebssicherheitsverordnung (BetrSichV) erforderlich und dient dem Personenschutz.

Nach diesen Vorschriften hat jeder Unternehmer dafür zu sorgen, dass elektrische Anlagen und Betriebsmittel auf deren ordnungsgemäßen Zustand hin überprüft werden. Die Prüfung gliedert sich in folgende Teilbereiche:

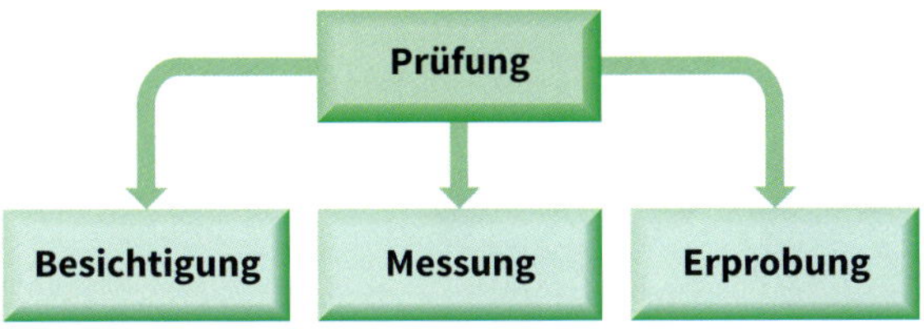

Die Prüfung beginnt mit der Besichtigung. Im zweiten Schritt werden Messungen und Erprobungen am Betriebsmittel durchgeführt.

Wann sind diese Prüfungen erforderlich?

Die Prüfung von elektrischen Geräten muss nach einer **Instandsetzung**, **Reparatur** oder **Änderung** (vgl. DIN VDE 0701) erfolgen.

Eine **Wiederholungsprüfung** ist erforderlich bei elektrischen Geräten, die fest mit dem Versorgungsnetz verbunden sind oder über einen Anschlussstecker verfügen, wie z. B. Elektrowerkzeuge, Elektromotorgeräte, Leitungsroller, Verlängerungsleitungen, mobile Verteiler.

Je nach Art der Prüfung dürfen diese Arbeiten durch eine **Elektrofachkraft** oder eine **befähigte Person** durchgeführt werden.

In welchen Zeiträumen muss geprüft werden?

Zur Festlegung der Prüffristen muss der Prüfer eine **Gefährdungsbeurteilung** durchführen.

Durch die Bewertung des Allgemeinzustandes, der äußeren Beanspruchungen (z. B. Einsatzort, Umweltbedingungen) und der Nutzungs- und Einsatzbedingungen wird ein Zeitpunkt bestimmt, zu dem höchstwahrscheinlich keine Gefährdung von dem Gerät ausgeht (z. B. 6 Monate oder 1 Jahr).

Zur Ermittlung des Prüftermins kann der Prüfer Vordrucke oder Programme als Hilfsmittel einsetzen. Der Prüfer bewertet vor dem Hintergrund seiner Erfahrungen das Ergebnis kritisch und korrigiert es gegebenenfalls. Das Ergebnis der Gefährdungsbeurteilung ist vom Prüfer zu dokumentieren.

1.10.1 Besichtigung

Bei der Besichtigung muss darauf geachtet werden, dass die Geräteteile, die zur Sicherheit beitragen, keine sichtbaren Schäden aufweisen und für den Einsatz geeignet sind. Für das **Elektroheizgerät** bedeutet dies, dass folgende Teile geprüft werden:

- CE- und GS-Kennzeichnung (freiwillig)
- Gehäuse (z. B. Risse, Fugen, Befestigungen)
- Anschlussleitung und Anschlussstecker
- Zugentlastung und Leitungshalterungen
- Zustand der Kontakte (z. B. Schutzleiterkontakt)
- Lüftungsöffnungen (z. B. Verschmutzung)
- Schutzart für den Einsatzort zugelassen
- untypische Gerüche oder Geräusche

1.10.2 Messung und Erprobung

Der Prüfschritt „Messung und Erprobung" bildet eine Einheit und wird bei der Prüfung nicht getrennt. Zur Prüfung von Betriebsmitteln werden folgende Messgrößen ermittelt:

- Schutzleiterwiderstand (Geräte mit Schutzleiter)
- Isolationswiderstand
- Schutzleiterstrom (Geräte mit Schutzleiter)
- Berührungsstrom

- Die Prüfung eines elektrischen Betriebsmittels gliedert sich in die Schritte Besichtigung, Messung und Erprobung.
- Eine Prüfung wird nach jeder Instandsetzung, Reparatur oder Änderung durchgeführt bzw. nach bestimmten Fristen wiederholt.
- Bei der Sichtprüfung werden das Betriebsmittel und die zugehörigen Sicherheitseinrichtungen auf sichtbare Schäden sowie Eignung geprüft.

Aufgaben

1. Welche Teilprüfungen müssen Sie nach der Reparatur eines Elektromotors durchführen?

2. Beschreiben Sie die erforderlichen Sichtprüfungen bei der Instandsetzung einer transportablen Tischkreissäge.

Der **Schutzleiterwiderstand** setzt sich aus dem Widerstand des grüngelben Leiters und dem Übergangswiderstand am Stecker und den Klemmstellen zusammen.

Zunächst wird der Schutzleiter auf seine Wirksamkeit überprüft. Dies bedeutet, dass der Schutzleiter und die Anschlussstellen durch Besichtigung und Handprobe geprüft werden, so weit dies ohne die Zerlegung des Betriebsmittels möglich ist.

Die folgende Abbildung zeigt die Messung des Schutzleiterwiderstandes zwischen dem Gehäuse und dem Betriebsmittel.

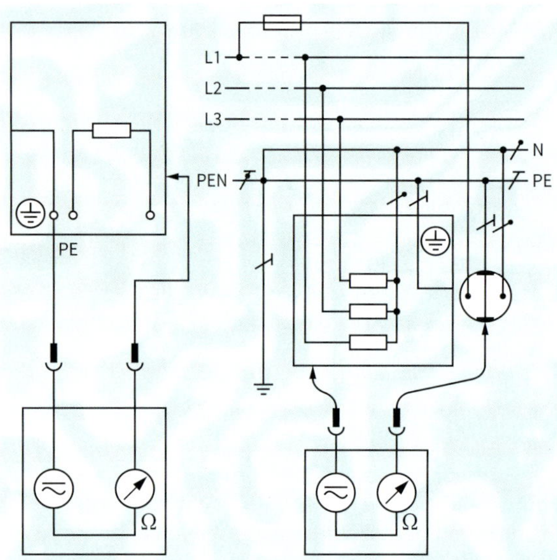

a) mit Stecker b) fest angeschlossen

Während der Messung muss die Netzanschlussleitung auf der gesamten Länge abschnittsweise bewegt werden, um eventuelle Bruchstellen des Schutzleiters zu erkennen. Der Mindestprüfstrom beträgt 200 mA.

Grenzwert Schutzleiterwiderstand bei $q \leq 1{,}5$ mm²

Widerstandswert	Leiterlänge
≤ 0,3 Ω	bis 5 m (je weitere 7,5 m zzgl. 0,1 Ω)

Für Querschnitte über 1,5 mm² gilt als Grenzwert des Schutzleiterwiderstandes der berechnete Widerstandswert zuzüglich einem Korrekturwert von 0,1 Ω.

Die Messung des **Isolationswiderstand R_{iso}** (Abb. 1) erfolgt zwischen jedem leitfähigen und berührbaren Teil des Gerätes, einschließlich Schutzleiter (außer PELV), und allen aktiven Teilen. Weiterhin ist die Messung bei instandgesetzten oder veränderten Geräten zwischen den aktiven Teilen eines SELV/PELV-Stromkreises und den aktiven Teilen im Primärstromkreis erforderlich. Das Gerät muss während der Messung von der Netzversorgung getrennt werden und alle Schalter geschlossen sein. Gegebenenfalls muss die Messung für mehrere Schalterstellungen wiederholt werden.

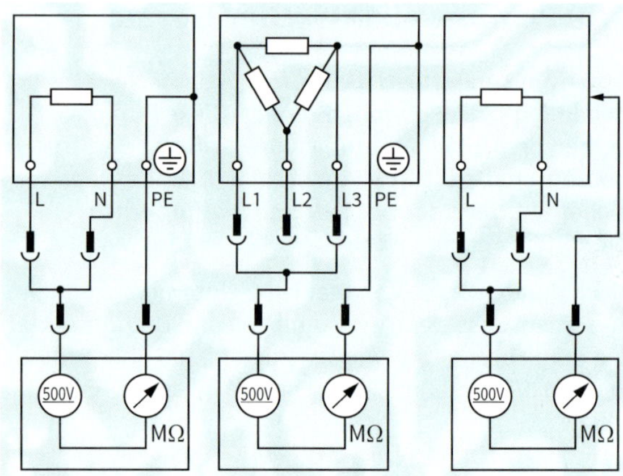

1: Messung des Isolationswiderstandes

2: Messgerät

Grenzwerte zum Isolationswiderstand

Messung zwischen ...	R_{iso}
...aktiven Teilen (L/N) und dem Schutzleiter.	≥ 1 MΩ
...aktiven Teilen (L/N) und berührbaren Teilen, die nicht mit dem Schutzleiter verbunden sind.	≥ 2 MΩ
Ausnahmen: – Geräte mit Heizelementen – aktive Teile und berührbare leitfähige Teile bei Schutzkleinspannung (SELV, PELV)	 ≥ 0,3 MΩ ≥ 0,25 MΩ

Die Spannung des Messgerätes (Abb. 2) sollte 500 V DC bei 1 mA betragen. Bei Geräten mit z. B. Überspannungsableitern ist eine geringe Messspannung zulässig.

- Bei Geräten mit Schutzleiter muss der Schutzleiterwiderstand gemessen werden.
- Der Isolationswiderstand wird zwischen allen aktiven Teilen und jedem leitfähig berührbaren Teil des Gerätes gemessen, einschließlich des Schutzleiters.

An allen Geräten, die mit einem Schutzleiter versehen sind. muss der **Schutzleiterstrom** gemessen werden. Dabei können die folgenden Messverfahren angewendet werden:

- Direkte Messung (Abb. 3a)
- Differenzstromverfahren (Abb. 3b)
- alternative Methode

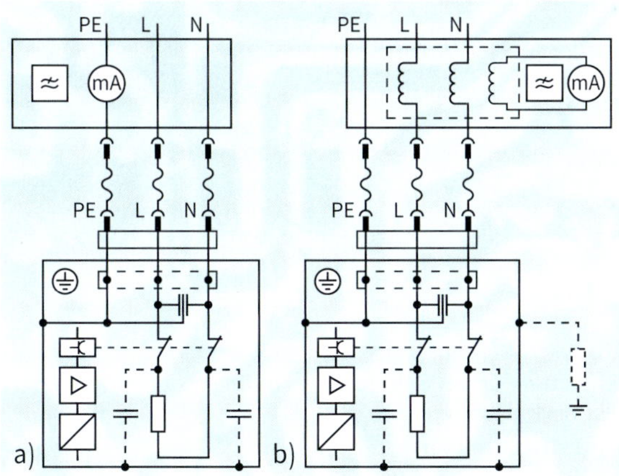

3: Schutzleiterstrom-Messverfahren

Bei der Messung müssen am Gerät alle Schalter geschlossen sein. Gegebenenfalls müssen die Messungen für alle möglichen Schalterstellungen wiederholt werden. Wenn der Anschluss des Gerätes an die Netzspannung unabhängig von seiner Polarität vorgenommen wird, z. B. durch einen ungepolten Anschlussstecker, muss der Schutzleiterstrom in allen Positionen des Steckers ermittelt werden. Der jeweils höchste Messwert muss als Ergebnis übernommen werden.

Bei der direkten Messung ist darauf zu achten, dass zwischen keinem Teil des Gerätes eine leitende Verbindung zum Erdpotenzial vorhanden ist.

Grenzwerte für den Schutzleiterstrom

Betriebsmittel	I_{SL}
Geräte allgemein	≤ 3,5 mA
Geräte mit einem vorhandenen Heizelement ($P_{ges} \geq 3{,}5$ kW)	≤ 1 mA/kW (I_{SL} = 10 mA)

An jedem zu prüfenden Gerät müssen an allen berührbaren, leitfähigen Teilen, die nicht mit dem Schutzleiter verbunden sind, **Berührungsstrommessungen** vorgenommen werden. Als Messverfahren werden häufig das direkte Verfahren und das Differenzstromverfahren eingesetzt (Abb. 4).

Bei Geräten, die mit einem Schutzleiter verbunden sind, beträgt der Grenzwert 0,5 mA. Bei Geräten der Schutzklasse III ist die Messung nicht erforderlich.

Messungen an berührbaren Steckverbindungen mit Kleinspannung (z. B. Datenschnittstellen, Schaltnetzteile) entfallen, wenn das Gerät durch die Messung beschädigt werden kann.

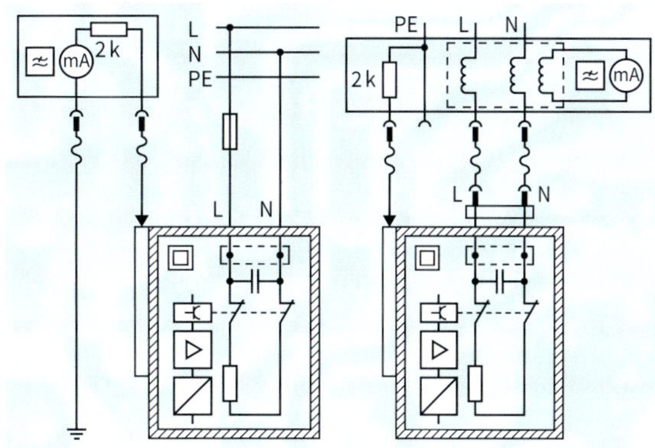

4: Berührungsstrommessung

Wird vom Hersteller nach der Reparatur eine Funktionsprüfung vorgeschrieben, so muss diese durchgeführt werden. Es ist dabei keine Dauerprüfung unter Volllast notwendig. Die Schutzmaßnahmen des Gerätes sind soweit zu prüfen, dass von keinem unsicheren Betrieb bzw. von einer Gefahr für den Anwender ausgegangen werden kann. Zusätzlich sind die sicherheitsrelevanten Aufschriften am Gerät (z. B. Bemessungsdaten, Lagehinweise) zu kontrollieren.

Dokumentation der Prüfergebnisse

Eine Dokumentation in Form eines Prüf-/Messberichtes ist notwendig

- als **Nachweis** für die Durchführung der Prüfung sowie zur Dokumentation der Messergebnisse für spätere Prüfungen und
- als **Hinweis** über den Zustand des Gerätes und die zu berücksichtigenden Besonderheiten.

Die Dokumentation erfolgt entweder mit geeigneten Prüfprotokollen oder elektronisch und muss unterschrieben werden.

Das geprüfte Gerät ist durch eine Prüfplakette (Abb. 5) mit dem Termin der nächsten Prüfung gut sichtbar zu kennzeichnen.

5: Prüfplakette

Bei nichtbestandener Prüfung muss das Gerät als nicht sicher gekennzeichnet werden. Der Betreiber ist hierüber schriftlich zu informieren.

- Bei Geräten mit Schutzleiter muss der Schutzleiterstrom gemessen werden.
- Die Berührungsstrommessung ist bei allen Geräten mit berührbaren, leitfähigen Teilen, die nicht mit dem Schutzleiter verbunden sind, durchzuführen.
- Über das Ergebnis der Prüfung ist eine Dokumentation anzufertigen.

1.11 Prüfverantwortlichkeiten

In einer Schule wird der Hausmeister damit beauftragt, die Prüfung der elektrischen Anlagen und ortsveränderlichen Geräte durchzuführen. Der Hausmeister hat vor 15 Jahren den Beruf des Elektroinstallateurs erlernt (heute Elektroniker für Energie- und Gebäudetechnik). Seit seiner Ausbildung hat er aber nicht mehr in diesem Beruf gearbeitet. Die Frage lautet nun, darf er die Prüfungen durchführen?

Die Festlegung der Prüfbestimmungen ist in verschiedenen Normen und Vorschriften geregelt:

- DGUV Vorschrift 3
- DIN VDE 0105-100
- Betriebssicherheitsverordnung (BetrSichV)

Gemäß DGUV Vorschrift 3 hat ein Unternehmer die Aufgabe, die elektrischen Anlagen und Betriebsmittel durch eine **Elektrofachkraft** (**EFK**) oder unter Leitung und Aufsicht einer Elektrofachkraft zu prüfen.

1.11.1 Kennzeichen einer Elektrofachkraft

Eine Elektrofachkraft gemäß DIN VDE 0105-100 und DGUV Vorschrift 3 ist eine Person, die auf Grund der **fachlichen Ausbildung**, der **Kenntnisse** und **Erfahrungen**, unter Berücksichtigung der einschlägigen Normen, in der Lage ist, Gefahren zu erkennen und zu beurteilen.

Die **fachliche Ausbildung** erlangt die EFK in der Regel durch eine abgeschlossene Ausbildung (Elektroingenieur, Elektromeister, Elektrotechniker oder Elektrogeselle). Ebenso kann eine **mehrjährige Tätigkeit** in bestimmten Arbeitsgebieten der Elektrotechnik die erforderlichen Kenntnisse vermitteln. Allerdings handelt es sich hierbei um eine Elektrofachkraft für begrenzte Aufgabenbereiche, die unter Leitung und Aufsicht einer Elektrofachkraft tätig ist.

In der Elektrotechnik werden neben der Elektrofachkraft noch weitere Personen nach der Art und dem Umfang der Qualifikation unterschieden (Abb. 1).

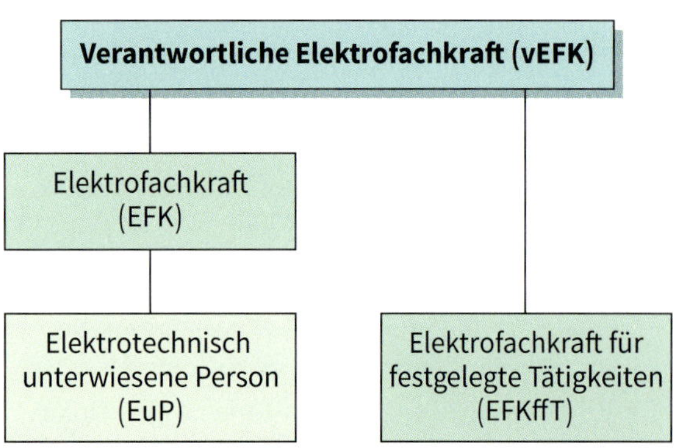

1: Elektrotechnisches Fachpersonal (Übersicht)

2: Prüfung einer ortsfesten Anlage

Mit diesen Erkenntnissen lässt sich erkennen, dass der Hausmeister der Schule die Prüfungen der elektrischen Anlage und der ortsveränderlichen Geräte nicht eigenverantwortlich durchführen kann.

1.11.2 Prüfung gemäß Betriebssicherheitsverordnung

In der Betriebssicherheitsverordnung (BetrSichV) sind die Sicherheit und der Gesundheitsschutz in Bezug auf die bei der Arbeit verwendeten Arbeitsmittel (Werkzeuge, Geräte, Maschinen oder Anlagen) geregelt. Die Prüfung von elektrischen Arbeitsmitteln soll durch eine **befähigte Person** (**bP**) erfolgen.

Entspricht die befähigte Person der Elektrofachkraft?

Der Begriff der befähigten Person gemäß BetrSichV kommt nur in Verbindung mit der Prüfung von Arbeitsmitteln vor. Die Eignung zur befähigten Person setzt voraus, dass die Person durch die Berufsausbildung, die Berufserfahrung und die zeitnahe berufliche Tätigkeit die erforderlichen Fachkenntnisse zur Prüfung besitzt. Eine Elektrofachkraft kann über das Prüfwesen hinaus weitreichendere Tätigkeiten im Bereich der Elektrotechnik übernehmen (Abb. 3).

Tätigkeitsbereiche	Befähigte Person	Elektrofachkraft
planen, projektieren	nein	ja
errichten	nein	ja
prüfen	ja	ja
in Betrieb nehmen	nein	ja
instand halten	nein	ja
ändern	nein	ja

3: Zuordnung der Tätigkeitsbereiche

Elektrotechnisches Fachpersonal		
Bezeichnung	**Norm/Vorschrift**	**Merkmale und Tätigkeiten**
Elektrofachkraft (EFK)	DGUV Vorschrift 3, DIN VDE 0105-100, DIN VDE 1000-10	• Abgeschlossene, elektrotechnische Ausbildung als Ingenieur, Meister, Techniker bzw. Geselle • Kenntnisse der einschlägigen Normen **Tätigkeiten**: • Übertragene Arbeiten beurteilen und Gefahren erkennen. • Übernimmt die Fachaufsicht für elektrotechnisch unterwiesene Personen. • Anlagen planen, projektieren, errichten, prüfen, in Betrieb nehmen und ändern. • Organisiert die Arbeit.
verantwortliche Elektrofachkraft (vEFK)	DIN VDE 1000-10	• Fachliche Qualifikation entspricht der einer Elektrofachkraft für eine elektrische Anlage in einem Unternehmen. • Die vEFK ist weisungsfrei gegenüber den Vorgesetzten. • Wird vom Unternehmer dazu beauftragt (z. B. schriftlich). **Tätigkeiten**: • Übernimmt die Fach- und Aufsichtsverantwortung.
Elektrofachkraft für festgelegte Tätigkeiten (EFKffT)	Durchführungsanweisung zur DGUV Vorschrift 3	• Teilnahme an einer beruflichen Weiterbildung (z. B. bei einer Kammer) in Theorie und Praxis, die mit einer Prüfung abschließt. • Abgeschlossene Berufsausbildung, die durch die Weiterbildung im elektrotechnischen Bereich ergänzt werden kann. • Arbeiten sind vom Unternehmer schriftlich festzulegen. **Tätigkeiten**: • Gleichartige sich wiederholende Arbeiten • Festgelegte Tätigkeiten müssen im Zusammenhang mit der eigenen Arbeit stehen und dürfen nicht unter Spannung durchgeführt werden. • Arbeiten müssen sich auf die Instandhaltung und Inbetriebnahme von elektrischen Anlagen und Betriebsmitteln bis 100 V AC bzw. 1500 V DC beschränken.
Befähigte Person (bP)	BetrSichV, TRBS 1203	• Abgeschlossene elektrotechnische Berufsausbildung • Ausübung einer zeitnahen beruflichen Tätigkeit, die der Prüfertätigkeit entspricht. • Praktische Erfahrungen im Umgang mit den zu prüfenden Arbeitsmitteln sowie der erforderlichen technischen Regeln, die durch Weiterbildungen aktualisiert werden müssen. • Die befähigte Person unterliegt im Rahmen der Prüfaufgaben keiner fachlichen Weisung. • Die Bestellung zur befähigten Person erfolgt schriftlich. **Tätigkeiten**: • Prüfung von Arbeitsmitteln und überwachungsbedürftigen Anlagen (z.B. Aufzugsanlagen) sowie Gefährdungsbeurteilungen erstellen.
Elektrotechnisch unterwiesene Person (EuP)	DIN VDE 0105-100, DIN VDE 1000-10	• Wird von einer Fachkraft über die ihr übertragenen Aufgaben und Gefahren sowie die Schutzeinrichtungen und Schutzmaßnahmen angelernt. • Trägt keine Fachverantwortung **Tätigkeiten**: • Nimmt Prüfungen nur unter Leitung und Aufsicht einer Elektrofachkraft vor. • Darf keine Instandsetzungen/Installationen durchführen. • Gefahrloses Tauschen von Sicherungseinsetzen • Arbeiten in der Nähe von unter Spannung stehenden Betriebsmitteln.

1.12 Notbeleuchtungsanlagen

In einem Teil einer Montagehalle müssen aufgrund baulicher Erweiterungen einige **Rettungszeichen-Leuchten** (**RZL**) der Sicherheitsbeleuchtung, z. B. an Wegbiegungen, Kreuzungen und Durchgängen, ergänzt werden (Abb. 1).

1: Piktogramm einer Rettungszeichen-Leuchte

Bei Netzausfall erfüllt die Notbeleuchtung (Abb. 2) je nach Erfordernis zwei Funktionen:

- **Sicherheitsbeleuchtung**
  - Sicheres Verlassen von Räumen ermöglichen,
  - Ausbruch von Panik verhindern und
  - wichtige Tätigkeiten gefahrlos beenden.
- **Ersatzbeleuchtung**
  - Normale Tätigkeiten können im Wesentlichen fortgesetzt werden.

Für Anlagen mit Sicherheitsbeleuchtung gelten u. a. Bestimmungen nach DIN EN 50172 und DIN EN 1838.

Wo ist eine Sicherheitsbeleuchtung erforderlich?
Die Arbeitsstättenverordnung verlangt vom Arbeitgeber, eine Gefährdungsbeurteilung durchzuführen. Damit wird sichergestellt, dass der Arbeitsplatz auch bei Ausfall der Allgemeinbeleuchtung sicher verlassen werden kann. Wenn die Gefährdungsbeurteilung eine Notbeleuchtung erfordert, muss diese nach den technischen Regeln für Arbeitsstätten und den Errichtungsnormen ausgeführt werden.

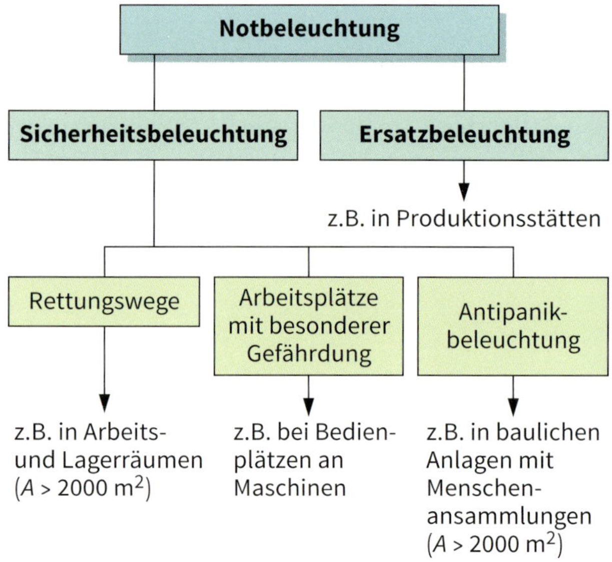

2: Notbeleuchtung

Eine Sicherheitsbeleuchtung für Rettungswege und Arbeitsplätze mit besonderer Gefährdung muss dort vorhanden sein, wo bei Ausfall der Allgemeinbeleuchtung eine Unfallgefahr entstehen kann.

Beispiele:

- Räume mit laufenden Maschinen
- Überwachungsstellen, z. B. Messwarten
- Laboratorien mit gefährlichen Stoffen

Das **Fluchtwegleitsystem** muss in den genannten Bereichen die Fluchtrichtung sowohl gradlinig als auch richtungsändernd angeben.

Anlagen mit Sicherheitsbeleuchtung und Ersatzbeleuchtung

• Rettungsweg	• Arbeitsstätte	• Produktionsstätte
Mindestbeleuchtungsstärke *E*		
1 lx	10 % von E_N, mind. 15 lx	bis zu 100 % von E_N
Umschaltzeit *t*		
≤ 15 Sekunden	≤ 0,5 Sekunden	nicht festgelegt bzw. je nach Situation
Zulässige Spannungsquellen		
Einzel- oder Zentralbatterien, Ersatzstromaggregat	Einzel- oder Zentralbatterien, Ersatzstromaggregat	Ersatzstromquelle

Rettungswegbeleuchtung und -kennzeichnung

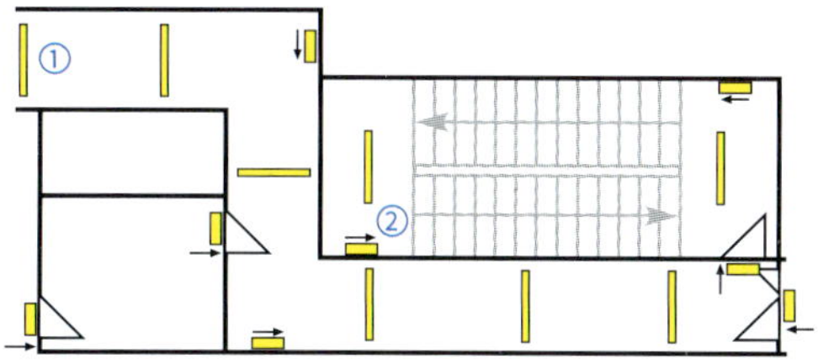

Rettungswege-beleuchtung ①
Kombinierte LED-Leuchte zur Verwendung als Allgemeinbeleuchtung mit eingebauter Batterie bei Netzausfall

Rettungszeichen-Leuchten ②
Piktogramm (Symbol) mit Rettungswegkennzeichnung

Rettungswege in öffentlichen Gebäuden und Arbeitsstätten müssen auch durch **Rettungszeichen-Leuchten** gekennzeichnet sein. Diese müssen ständig leuchten (auch am Tage) und werden bei Netzausfall auf die Ersatzstromversorgung, meistens an eine Batterie, umgeschaltet. Diese Leuchten sind jedoch kein Ersatz für die Sicherheitsbeleuchtung. Die Beleuchtung in der obigen Abbildung kennzeichnet den Fluchtweg aus dem Keller einer Tiefgarage mit Sicherheitsleuchten und Rettungszeichen-Leuchten und dient gleichzeitig auch als Beleuchtung.

In bestimmten Räumen, z. B. OP-Raum (Abb. 3), muss bei Ausfall der Stromversorgung ein ungestörtes Weiterarbeiten möglich sein. Die Umschaltung auf **Ersatzbeleuchtung**, also von Netzbetrieb auf Notbetrieb, muss innerhalb 0,5 s erfolgen.

Energieversorgung bei Netzausfall

Folgende Ersatzstromquellen können je nach den örtlichen Anforderungen verwendet werden:
- **Selbstversorgte Leuchten** bzw., **zentrale Sicherheitsstromversorgung** (Abb. 4)
- **Notstromaggregate**
- **Separates Netz**

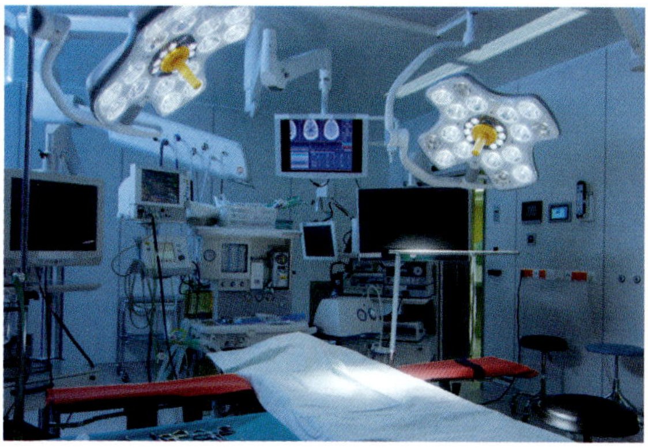

3: Ersatzbeleuchtung in einem Operationssaal

Da Batteriesysteme am häufigsten in Notbeleuchtungsanlagen eingesetzt werden, wollen wir uns die verschiedenen Schaltungsmöglichkeiten genauer ansehen. Für die Schaltungen mit Gruppen- und Zentralbatterien ist die so genannte **Netzvorrangschaltung** vorgeschrieben.

Was heißt Netzvorrangschaltung?

Nehmen wir an, dass in einem Gebäudeteil durch eine Störung die Spannungsversorgung ausfällt. Ist in der Hauptverteilung aber Spannung vorhanden, dann muss die Notbeleuchtung in Bereitschaftsschaltung aus der allgemeinen Spannungsversorgung gespeist werden. Die Energieversorgung aus dem Netz hat also Vorrang gegenüber der Versorgung aus einem Batteriesystem. Bei totalem Netzausfall muss dann auf das Batteriesystem umgeschaltet werden. Die verwendeten Leuchten müssen dazu die Anforderungen der DIN EN IEC 60598-2-22 für Leuchten zur Notbeleuchtung erfüllen.

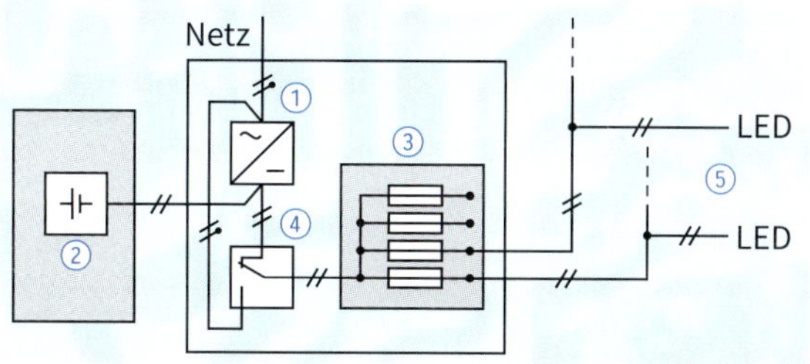

4: Notbeleuchtung mit zentraler Stromversorgung

Beispiel:
Eine zentrale Sicherheitsstromversorgung versorgt z. B. die Notbeleuchtungsanlage eines Gebäudes (Abb. 4). Dafür sind Lade- und Steuergerät ①, Batterieraum ②, Stromkreisverteilung ③ und Umschalter ④ erforderlich. Werden z. B. Kompaktleuchtstofflampen mit EVG ⑤ eingesetzt, dann ist auch der Betrieb mit Gleichspannung möglich.

Installation von Notleuchten

Für die Installation von Notleuchten gibt es folgende Netzanschlüsse:

- **Zweileiter-Netzanschluss** (Abb. 5):
  Netzspannung und Batteriespannung werden über eine Leitung zur Notleuchte geführt. Über einen Umschalter ⑤ bei der zentralen Sicherheitsstromversorgung erfolgt dann bei Netzausfall die Umschaltung auf Ersatzspannungsversorgung.

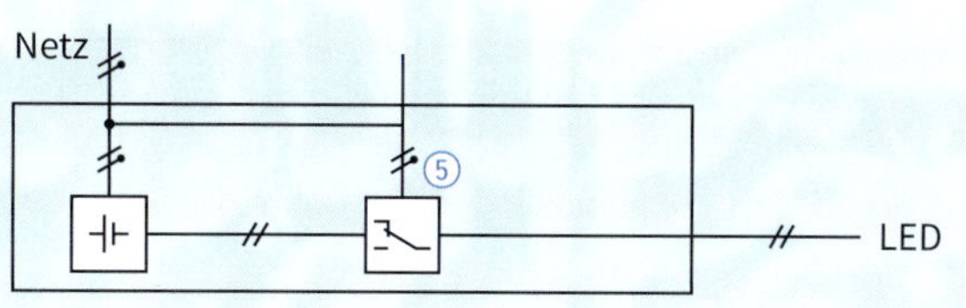

5: Notbeleuchtung – Zweileiteranschluss

- **Vierleiteranschluss** (Abb. 1):

  Hier werden die Netzspannung und die Batteriespannung über zwei getrennte Leitungen zur Leuchte geführt. Bei Netzausfall schalten die Umschalter an der Batterie ① und der Leuchte ② auf Ersatzstromversorgung um.

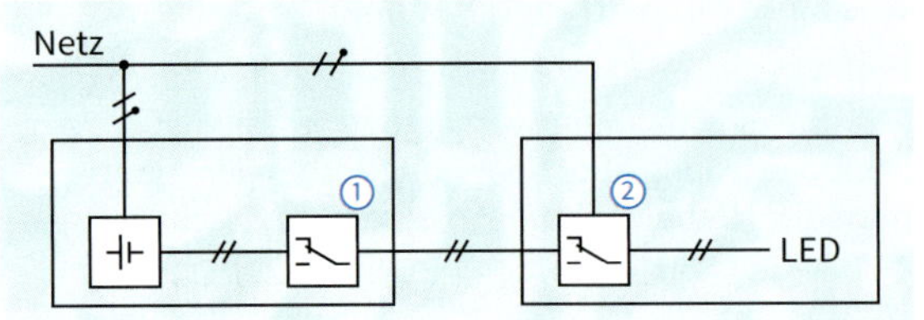

1: Notbeleuchtung – Vierleiteranschluss

Die zentrale Sicherheitsstromversorgung setzt sich aus Einzelbatterien zusammen, die je nach Höhe der Bemessungsspannung unterschiedlich miteinander zusammengeschaltet sein können.

Wie können Einzelbatterien geschaltet sein?

Einzelbatterien werden in folgenden Schaltmöglichkeiten zur zentralen Sicherheitsstromversorgung zusammengeschaltet. Wir wollen dies an folgenden Beispielen zeigen:

- **Reihenschaltung** von 2 Batterien:

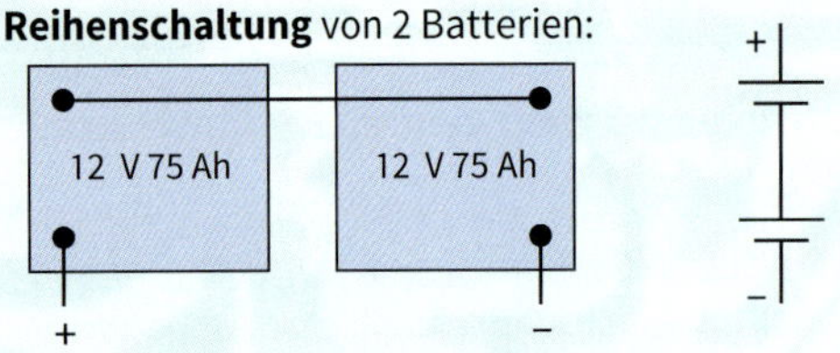

Ergebnis: $U_{ges} = 24$ V; $C_{ges} = 75$ Ah

- **Parallelschaltung** von 2 Batterien:

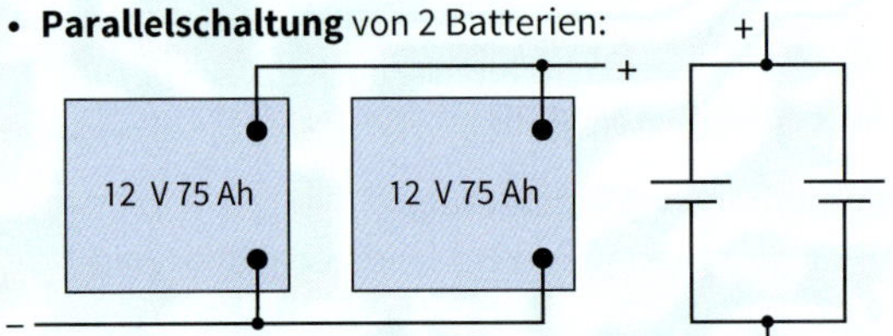

Ergebnis: $U_{ges} = 12$ V; $C_{ges} = 150$ Ah

- **Gruppenschaltung** von 4 Batterien:

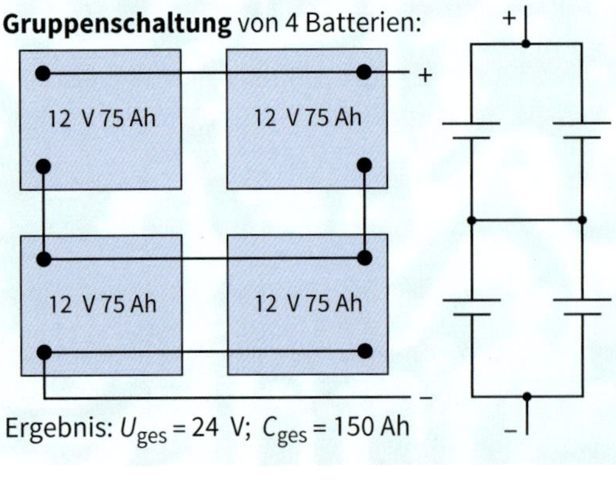

Ergebnis: $U_{ges} = 24$ V; $C_{ges} = 150$ Ah

Um Ausgleichsströme zwischen den einzelnen Batterien zu vermeiden, müssen Batterien mit gleichen Bemessungsgrößen wie Spannung, Ladezustand, Kapazität C verwendet werden. Ausgleichsströme würden sonst bei Parallel- und Gruppenschaltung zwischen den Einzelbatterien fließen und zur vorzeitigen Entladung führen.

Wichtiger Hinweis

Bleibatterien, die das dargestellte internationale **Recyclingzeichen** (vgl. ISO 7000) tragen, können wiederverwertet (recycelt) werden. Das heißt, alte Batterien müssen zunächst über Sondermüll entsorgt werden, weil die Bleiverbindungen und die Schwefelsäure der Batterie die Umwelt belasten. Verbrauchte Bleiakkumulatoren werden gesammelt und mit Spezialfahrzeugen in säurefesten Containern abtransportiert. In Recyclingbetrieben werden dann Teile der Batterie wiederverwertet.

- Die Notbeleuchtung ersetzt die Allgemeinbeleuchtung mit verminderter Beleuchtungsstärke.
- Die Ersatzbeleuchtung ersetzt die Allgemeinbeleuchtung mit voller Beleuchtungsstärke.
- Die Ersatzstromversorgung bei Netzausfall erfolgt über Batterien oder Notstromaggregate.
- Einzelbatterien können in Reihen-, Parallel- und Gruppenschaltung zusammengeschaltet werden.
- Altbatterien gehören in den Sondermüll. Sie können anschließend recycelt werden.

Aufgaben

1. Nennen Sie fünf Anwendungsfälle, wo eine Sicherheitsbeleuchtung vorgeschrieben ist!

2. Beschreiben Sie an jeweils einem Beispiel den Unterschied zwischen Sicherheitsbeleuchtung und Ersatzbeleuchtung!

3. Welche Arten der Energieversorgung gibt es für die Sicherheitsbeleuchtung?

4. In einer elektrischen Anlage soll die Energieversorgung (12 V/240 Ah) mit Batterien erfolgen. Es stehen Batterien mit den Bemessungsgrößen 12 V/60 Ah und 12 V/120 Ah zur Verfügung. Geben Sie zwei mögliche Batterieschaltungen an!

5. In der Anlage soll die Betriebsspannung auf 24 V erhöht werden. Die Kapazität soll weiterhin 240 Ah betragen. Zeichnen Sie die Batterieschaltung und geben Sie die Bemessungsgrößen der Batterien an!

6. Warum müssen verbrauchte Bleiakkumulatoren als Sondermüll behandelt werden?

Energieversorgung von Sicherheitsbeleuchtungsanlagen		
Einzelbatterie	**Gruppenbatterie**	**Zentralbatterie**
Zulässige Rettungszeichen-Leuchten (RZL) *n*		
$n \leq 2$ RZL	$n \leq 20$ RZL	$n > 2$ RZL
Anforderungen an Batterien		
NiCd: 1,2 V/Zelle; Blei: 2,0 V/Zelle wartungsfrei und gasdicht Betriebsdauer: $t \geq 4$ Jahre	Blei: 2,0 V/Zelle ortsfest in geschlossenen Räumen und wartungsfrei Betriebsdauer: $t \geq 4$ Jahre	• NiCd: 1,2 V/Zelle; Blei: 2,0 V/Zelle Batteriespannung: 24 V … 220 V • ortsfeste Batterien nach DIN EN 50272-2 • Regelmäßige Wartung oder wartungsfrei • Betriebsdauer: $t > 10$ Jahre

Betriebsarten

Einzelversorgung einer Kompaktleuchtstofflampe über NiCd-Akku mit Anzeige des Ladezustands

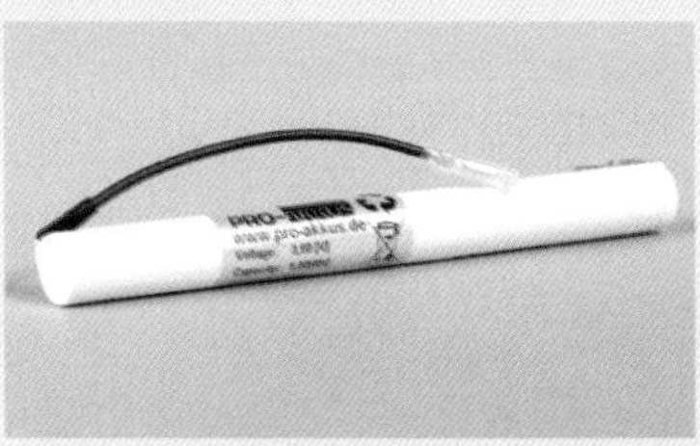

Dauerschaltung
Leuchte ist ständig eingeschaltet; Überwachung der Räume am Hauptverteiler der Sicherheitsstromversorgung; selbsttätiges Umschalten auf allgemeine Stromversorgung, wenn die Netzstörung behoben ist.

Geschaltetes Dauerlicht
Leuchte wird wie Allgemeinbeleuchtung genutzt. Bei Stromausfall erfolgt automatische Einschaltung.

Bereitschaftsschaltung
Überwachung der Stromversorgung aus dem Netz für Allgemeinbeleuchtung im Unterverteiler; Einschalten der Sicherheitsstromversorgung bei Netzausfall und selbsttätiges Abschalten nach Spannungswiederkehr.

Inspektionen und Überwachung

Regelmäßige Prüfung nach DIN EN 50272-2 und DIN EN 50172 unter Beachtung, dass Batterien vor Betriebsbeginn mit 90 % der für die Bemessungsbetriebsdauer erforderlichen Kapazität geladen sind.

Manueller wöchentlicher Funktionstest	Manueller tägl. Funktionstest

Automatische Überwachung:
- Funktionstest aller Sicherheits-RZL
- Bei Einzelleuchtenüberwachung wird die defekte Leuchte in der Zentrale angezeigt.
- Umschaltung wird periodisch überwacht und Funktionsfähigkeit der Leuchten kontrolliert.
- Fehler in der Sicherheitsstromversorgung werden in der Überwachungsstelle registriert.
- Meldung einer Störung bei Fehler in der Zuleitung erfolgt an der Überwachungsstelle.
- Prüfung der Anlage durch manuelle Auslösung am Gerät oder an der Überwachungsstelle.

Umschaltdauer bei Netzstörung

Energieversorgung der Sicherheitsbeleuchtungsanlage muss selbsttätig erfolgen, wenn die Netzspannung um mehr als 15 % abgefallen ist und für die Zeit $t > 0{,}5$ s gestört ist.

Instandsetzung

Austausch der Batterien, wenn weniger als zwei Drittel der Bemessungsbetriebsdauer erreicht ist.

Dokumentation

Regelmäßige Prüfungen dokumentieren, sodass Kontrolle über zwei Jahre möglich ist.

Installationshinweise

Bei mehr als einer Sicherheitsleuchte in einem Raum ⇒ Aufteilen abwechselnd auf zwei Stromkreise
Absicherung je Endstromkreis ⇒ max. mit 10 A (mit 60 % der Bemessungsstromstärke)
Leuchtenzahl je Endstromkreis ⇒ max. 12 Sicherheitsleuchten (nicht in Arbeitsstätten)

1.13 Arbeitsschutz

Trotz ständig steigender Anforderungen an den Schutz des Arbeiters kommt es immer wieder zu Arbeitsunfällen (730.516 Arbeitsunfälle, davon 269 tödlich im Jahr 2021). Nach dem **Arbeitsschutzgesetz** (§ 15 DGUV Vorschrift 1 Unfallverhütungsvorschrift) ist jeder Beschäftigte dazu verpflichtet, nach seinen eigenen Möglichkeiten sowie nach den Weisungen bzw. Unterweisungen des Arbeitgebers für seine Sicherheit und Gesundheit zu sorgen.

Bereiche des Arbeitsschutzes

- **Persönliche Schutzausrüstung**
- **Schutz beim Umgang mit Gerüsten und Leitern**
- **Schutz beim Umgang mit Maschinen**

Persönliche Schutzausrüstung

Die persönliche Schutzausrüstung dient dem Schutz der menschlichen Körperteile und umfasst die Bereiche

- Kopfschutz
- Augenschutz
- persönlicher Schallschutz
- Atemschutz
- Fußschutz
- Arm-, Hand- und Fingerschutz
- Hautschutz
- Schutz vor einem Absturz

Es zählt zu den **Pflichten des Arbeitgebers**, die Arbeitsschutzmittel kostenlos zur Verfügung zu stellen, wo die Beschäftigten einer Unfall- und Gesundheitsgefahr ausgesetzt sind. Weiterhin trägt der Arbeitgeber die Verantwortung für den ordnungsgemäßen Zustand der Schutzausrüstung.

Zu den **Pflichten des Beschäftigten** zählt das zweckentsprechende Tragen der kostenlos bereitgestellten Schutzausrüstung. Bei einer Pflichtverletzung können die Konsequenzen des Arbeitgebers von einem Arbeitsplatzwechsel bis hin zur Kündigung reichen.

Beispiel: Anforderungen an die persönliche Schutzausrüstung

Eine elektrotechnische Fachkraft hat die Aufgabe, eine defekte Sicherung vom Typ NH (vgl. Kap. 2.1) auszutauschen. Bei der Auswahl der Schutzausrüstung muss darauf geachtet werden, dass

- die Person umfassend vor Gefahren gesichert und
- die Ausrüstung gut handhabbar, hautverträglich, hygienisch und bequem ist.

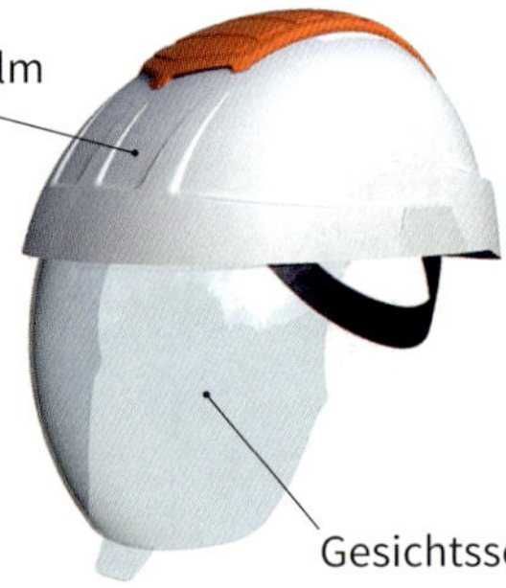

1: Arbeitsschutzhelm

Der Arbeitsschutzhelm in Abb. 1 muss nach DIN EN 397 gefertigt sein. Er schützt so gegen Stöße, das Ein- oder Durchdringen von Fremdkörpern, elektrischem Durchschlag und Brandgefahr. Der Schutzhelm wird durch einen Kinnriemen am Kopf fixiert. Gleichzeitig besitzt der Helm einen Gesichtsschutzschirm, der die Augen und das Gesicht vor einem eventuell auftretenden Lichtbogen, z. B. beim Entfernen der NH-Sicherung, schützt.

Sollen lediglich die Augen geschützt werden, genügt eine Schutzbrille. Diese muss mechanische Schäden am Auge verhindern ohne die optischen Seheigenschaften negativ zu beeinflussen.

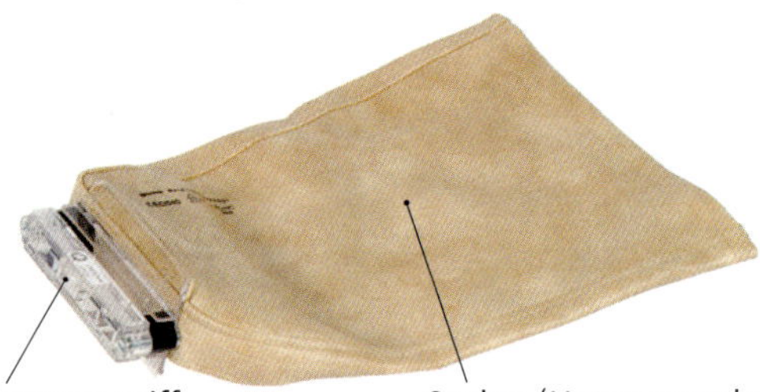

2: Schutzhandschuh mit Sicherungsaufsteckgriff

Zur Entnahme der NH-Sicherungen muss ein Schutzhandschuh getragen werden (Abb. 2). Dieser schützt die Hand und den Arm vor Verbrennungen und gegen unzulässige Berührungsspannungen, wie sie durch Lichtbögen entstehen können. Die maximale Gebrauchsspannung eines isolierenden Schutzhandschuhs wird durch die Angabe einer Anwendungsklasse bestimmt:

Klasse 00: ≤ 500 V	Klasse 0: ≤ 1000 V
Klasse 1: ≤ 7500 V	Klasse 2: ≤ 17000 V
Klasse 3: ≤ 26500 V	

Die Schutzausrüstung wird durch die **Schutzkleidung** und **Sicherheitsschuhe** vervollständigt.

Die Schutzkleidung muss eng anliegen, darf die Bewegungsfreiheit jedoch nicht einengen. Die Sicherheitsschuhe nach DIN EN ISO 20345 sollen vor mechanischen Einflüssen (Stoßen, Einklemmen, umfallende, herabfallende oder abrollende Gegenstände), chemischen Einflüssen (Öle, Säuren usw.), Elektrizität und Wärme schützen.

Schallschutz

Oftmals kommt es im Bereich einer Baustelle oder Produktionseinrichtung zu Lärmbeeinträchtigungen, die zu dauerhaften Gehörschädigungen führen können. In der folgenden Tabelle sind einige typische Schallpegel aufgelistet.

Schallpegel in dB (A)	Geräusch	Beeinträchtigung
50	normales Gespräch	ungefährlich
85	Fräsmaschine	
100	Kreissäge	auf Dauer gefährlich
110	Bohrmaschine	
115	Blech hämmern	
130	Düsenflugzeug	unmittelbar gefährlich
140	Raketenstart	

Bei der Beurteilung einer Geräuschbelästigung spielt jedoch nicht nur der Schalldruckpegel in dB (A) eine Rolle sondern auch die Dauer der Lärmeinwirkung. So kann bereits das zweiminütige Hämmern auf einem Blech zu einer Gefahr für das Gehör werden.

Bei einem Schalldruckpegel von 80 dB (A) muss ein Schallschutzmittel bereit gestellt werden. Steigt der Pegel über 85 dB (A) an, ist die Benutzung eines persönlichen Schallschutzmittels (Abb. 3) verpflichtend. Zu den Arten der persönlichen Schallschutzmittel zählen:

3: Persönliche Schallschutzmittel

Schutz vor einem Absturz

Bei Arbeiten in großen Höhen fehlen häufig Sicherungsmaßnahmen (z. B. Geländer), die vor einem Ab-- sturz schützen. Sicherheit bieten hier die sogenannten Sicherheitsgeschirre.

Haltegurte nach DIN EN 358 dienen dazu, die Beschäftigten von einer Absturzkante fernzuhalten.

Der Auffanggurt nach DIN EN 361 besteht aus mehreren Gurten, die um die Oberschenkel und die Schultern getragen werden.

Anforderungen an ein Sicherheitsgeschirr:

- Vor der Benutzung müssen alle Teile (Sicherungsgurt, Sicherheitsseil, Halteriemen) auf deren mechanische Festigkeit und Verschleiß hin geprüft werden.
- Bereits bei kleinsten Beschädigungen müssen die Teile ausgetauscht werden.
- Bei dem Anlegen und Festziehen der Schnallen ist darauf zu achten, dass die Gurte richtig durch die Schnallen gezogen werden, sodass sie sich bei einem Sturz zuziehen.
- An der Arbeitsstelle ist das Sicherheitsgeschirr möglichst senkrecht über dem Arbeitsplatz zu befestigen. Dadurch wird bei einem Sturz eine gefährliche Pendelbewegung ausgeschlossen.

- An Arbeitsplätzen mit Unfall- bzw. Gesundheitsgefahren für die Beschäftigten müssen vom Arbeitgeber die notwendigen Arbeitsschutzmittel kostenlos zur Verfügung gestellt werden.
- Die Beschäftigten sind zum zweckgerechten Tragen der Schutzausrüstung verpflichtet.
- Zur persönlichen Schutzausrüstung zählen: Kopfschutz, Augenschutz, Schallschutz, Atemschutz, Fußschutz, Hautschutz, Armschutz, Handschutz, Fingerschutz und Schutz vor Absturz.

Aufgaben

1. Sie haben die Aufgabe mit einem Schweißgerät zu arbeiten.
Welche persönliche Schutzausrüstung müssen Sie tragen?

2. Worauf muss bei der Wahl der Schutzausrüstung geachtet werden?

Schutz beim Umgang mit Leitern und Gerüsten

Leitern und Gerüste können häufig zu Unfällen führen. Provisorische Stellflächen (Kisten, Fässer usw.) sind im Arbeitsalltag schnell beschafft. Jedoch kann man von dort auch genau so schnell wieder abstürzen. Aus diesem Grund sind solche Behelfslösungen gefährlich und nicht zulässig.

Erlaubt sind

- Holz- und Metallleitern (vgl. DIN EN 131) sowie
- Arbeits- und Schutzgerüste (vgl. DIN 4420).

Leitern und Gerüste müssen vor dem Gebrauch auf Beschädigungen hin überprüft werden. Eine vorübergehende Reparatur, z. B. durch das Einsetzen einer fehlenden Sprosse, ist nicht erlaubt.

Leitern dürfen nur für einfache Arbeiten benutzt werden, bei denen nur wenig Werkzeug bzw. Material auf der Leiter benötigt wird. In elektrischen Anlagen wird der Einsatz von **Holz- oder Kunststoffleitern** empfohlen. Die folgende Übersicht zeigt unterschiedliche Leitertypen.

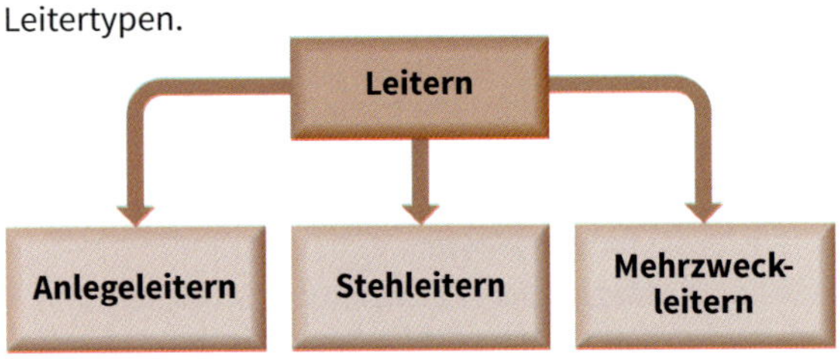

Anlegeleitern nur bis zur viertobersten Sprosse bzw. Stufe besteigen, wenn keine zusätzliche Sicherung vorhanden ist. Die Leiter muss gegen Abgleiten geschützt werden und ab einer Länge von 3 m über eine größere Standbreite verfügen (Traverse bzw. konische Bauweise).

Der Anlegewinkel α liegt zwischen 65° und 75°. In der Praxis kann man dies kontrollieren, indem man sich seitlich neben die Leiter stellt, und mit dem Ellenbogen des waagerecht gestreckten Oberarms die Leiter berührt (vgl. Abb.).

Zwei Anlegeleitern dürfen nur in Ausnahmen miteinander verbunden werden. Die Überdeckung der beiden Leitern muss dann mindestens $\frac{1}{5}$ der Gesamtlänge betragen. Ausnahmen bilden hierbei solche Leitern, die vom Hersteller bereits als **Schiebeleiter** hergestellt wurden. Hierbei muss die Herstellerfirma für die Festigkeit der Verbindungsstelle garantieren.

Stehleitern hingegen sind zweischenklige Stufen- oder Sprossenleitern, die auf halber Höhe durch Ketten oder Gurte gegen Auseinandergleiten gesichert sind. Diese Spreizsicherung darf nicht aushängbar sein.

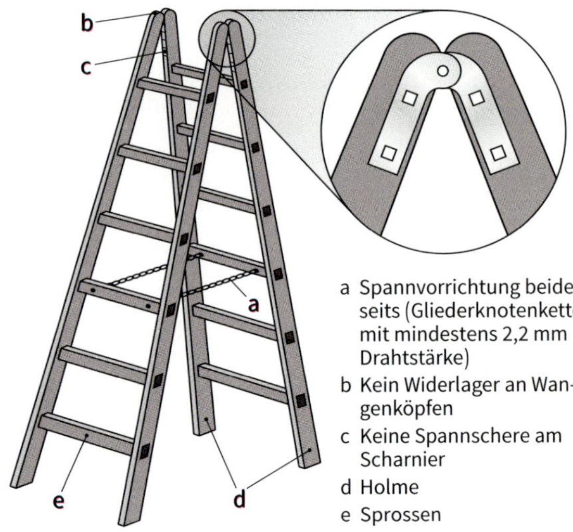

a Spannvorrichtung beiderseits (Gliederknotenkette mit mindestens 2,2 mm Drahtstärke)
b Kein Widerlager an Wangenköpfen
c Keine Spannschere am Scharnier
d Holme
e Sprossen

- Beidseitig besteigbare Stehleitern nur bis zur drittobersten Stufe besteigen.
- Sie dürfen keinesfalls als Anlageleiter verwendet werden.
- Stehleitern ohne zusätzliche Hilfsmittel (z. B. Holmverlängerung) stets auf ebenem Untergrund aufstellen.
- Die Scharniere einer Stehleiter müssen so ausgeführt sein, dass keine Quetschgefahr besteht.

Eine **Mehrzweckleiter** besteht meist aus Aluminium und kann wahlweise als Anlege- oder Stehleiter verwendet werden.

- In elektrischen Anlagen sind Leitern aus Holz- oder Kunststoff zu verwenden.
- Anlegeleitern dürfen nur in einem Winkel von 65° bis 75° aufgestellt werden.
- Eine Stehleiter darf nicht als Anlegeleiter verwendet werden.

Aufgaben

1. Stellen Sie in einer Tabelle die Eigenschaften von Anlege- bzw. Stehleitern nach den Kriterien maximale Länge, Einsatzort, Aufstellung und Verwendung gegenüber.

2. Warum sollen bei Arbeiten in elektrischen Anlagen Leitern aus Holz oder Kunststoff verwendet werden?

	Übersicht der unterschiedlichen Gerüsttypen		
	Behelfsgerüst	**Bockgerüst**	**Arbeitsgerüst/Arbeitsbühne**
Merkmale	• Bretter oder Bohlen liegen auf einer standsicheren und tragfähigen Unterkonstruktion (z. B. Stehleitern oder Böcke); keinesfalls lose Steine oder Fässer. • Die maximale Höhe beträgt 2 m. • Die Stützweite ist abhängig von der Breite des Brettes, z. B. bei einer Breite des Brettes von 24 cm und einer Dicke von 4 cm beträgt die maximale Stützweite 2,50 m.	• Besteht aus abgerundeten stählernen oder hölzernen Böcken mit darüberliegenden Brettern oder Bohlen. • Der Abstand der Böcke darf nicht größer als 3 m sein. • Die maximale Höhe beträgt bei Gerüsten mit Metallbeinen mit hölzernen Querträgern 2 m und bei Metallböcken 2,8 m. • Die Böcke müssen ausreichend verstrebt sein. • Ab einer Höhe von 2 m ist ein Seitenschutz erforderlich.	• Sie wird fest an einer Stelle montiert oder ist auf Rollen fahrbar. Die Rollen müssen eine Feststelleinrichtung haben. • Die Belagfläche von fest installierten Arbeitsgerüsten kann in der Länge und Breite verändert werden. • Bei fahrbaren Arbeitsbühnen ist die Abmessung der Arbeitsfläche vom Hersteller vorgegeben. • Das Verhältnis zwischen Standbreite und Höhe ist vorgeschrieben (in Räumen 1 : 4; im Freien 1 : 3). • Bei einer Höhe von 2 m (Gerüst) bzw. 1 m (Fahrgerüst) muss ein Seitenschutz vorhanden sein (Geländer, Zwischenholm und Bordbrett).
Beispiel	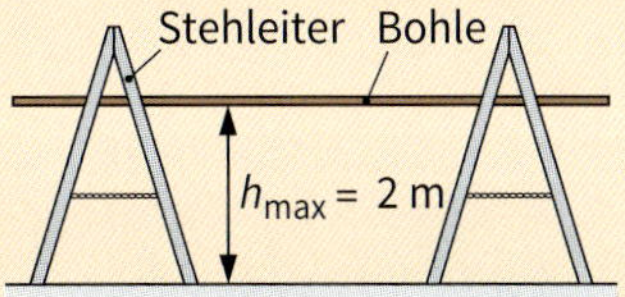	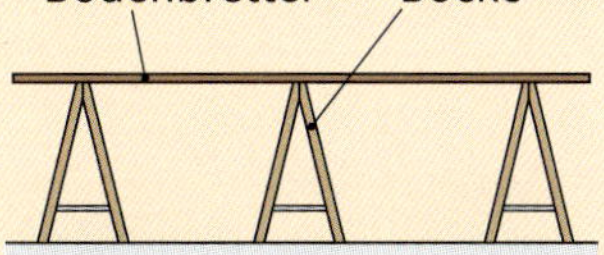	
Einsatz	• zulässig für Arbeiten in geringem Umfang, von kurzer Dauer und in geringer Höhe.	• als Arbeits- oder Schutzgerüst.	• für mobiles Arbeiten in größeren Höhen; während dem Verschieben der Arbeitsbühne darf keine Person auf dem Gerüst stehen.

Schutz beim Umgang mit Maschinen

Bei Maschinen mit beweglichen Teilen oder Werkzeugen, z. B. Bohrmaschine, kommt es immer wieder zu schweren Verletzungen wie Knochenbrüche oder Verlust von Gliedmaßen.

Zur **Unfallvermeidung** muss jede Maschine
- zweckentsprechend und ergonomisch konstruiert sein,
- mit Abschirmungen (Verkleidungen) versehen sein und
- mit sachgerecht verwendeten Körperschutzmitteln (vgl. Kap. 1.13) bedient werden.

Am praktischen Beispiel einer Standbohrmaschine in Abb. 1 sind die Maßnahmen zur Unfallverhütung dargestellt.

Als persönliche Schutzmittel dienen
- geeignete eng anliegende Kleidung,
- Schutzbrille und
- je nach Haarlänge eine geeignete Kopfschutzhaube.

Während der Arbeit an der Maschine dürfen keine Ringe, Armbänder oder loser Schmuck getragen werden, da das Verletzungsrisiko ansonsten zu groß ist.

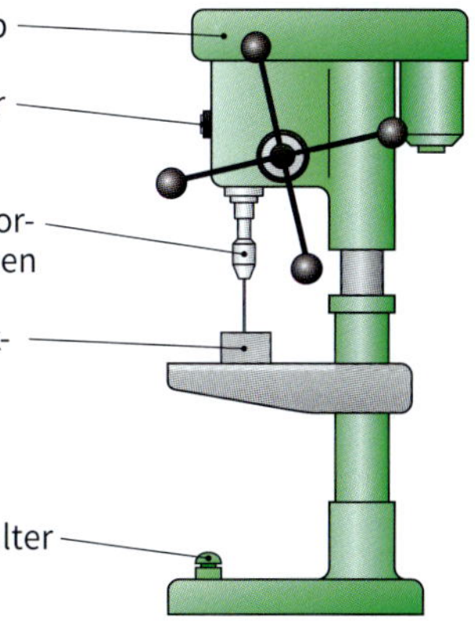

1: Bohrmaschine

- Die maximale Höhe der Arbeitsfläche von Gerüsten beträgt bei einem Behelfsgerüst 2 m und bei einem Bockgerüst 4 m.
- Beim Umgang mit Maschinen müssen die vorgesehenen Schutzeinrichtungen an der Maschine beachtet werden und zusätzlich persönliche Schutzmittel getragen werden.

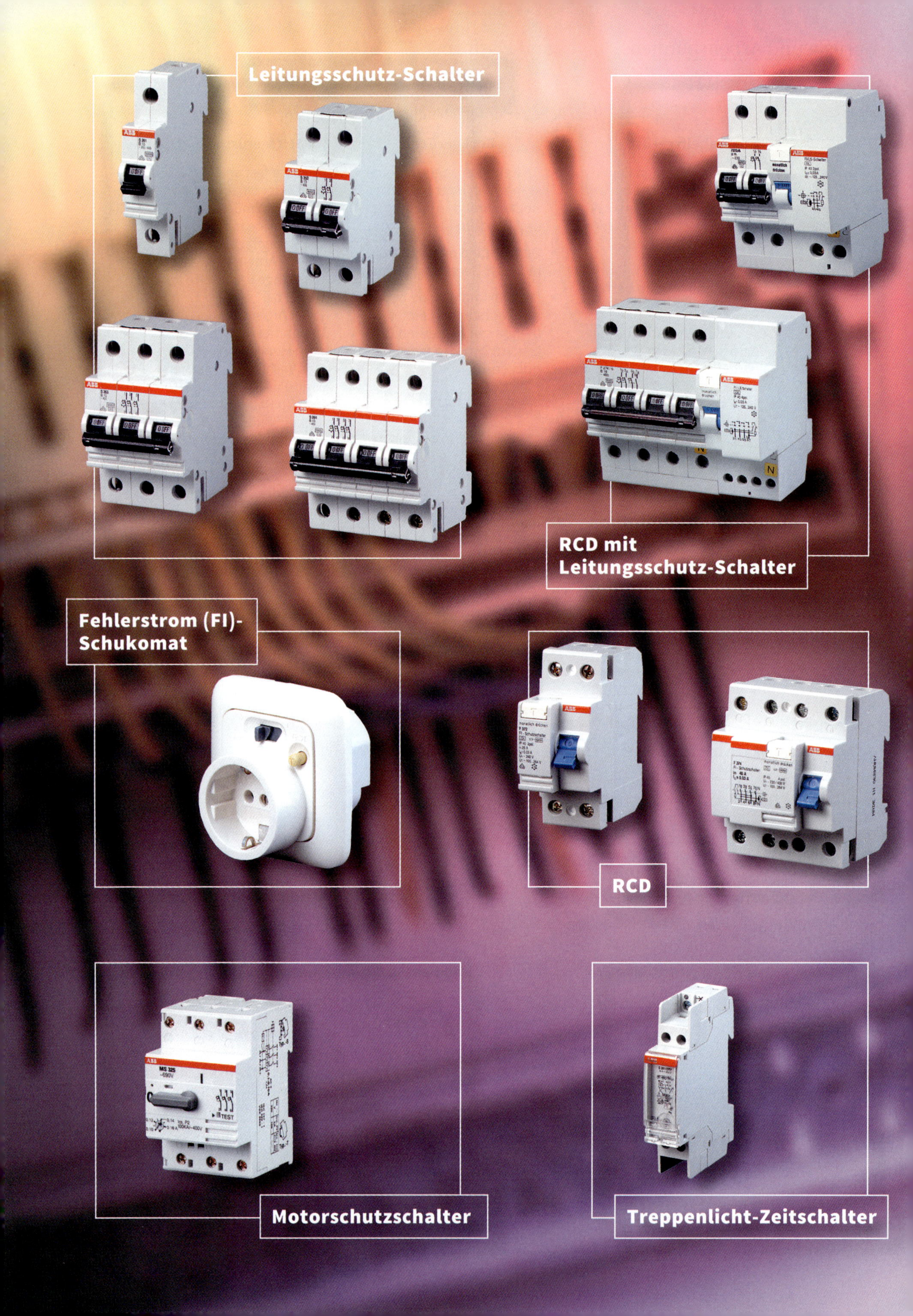
Leitungsschutz-Schalter
RCD mit
Leitungsschutz-Schalter
Fehlerstrom (FI)-
Schukomat
RCD
Motorschutzschalter
Treppenlicht-Zeitschalter

2 Anlagen- und Geräteschutz

2.1 Überstrom-Schutzorgane

Leitungsschutz-Sicherungen
(Schmelzsicherungen) nach DIN VDE 0636

D-System

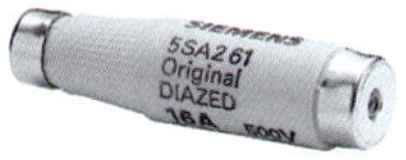

D0-System

NH-System

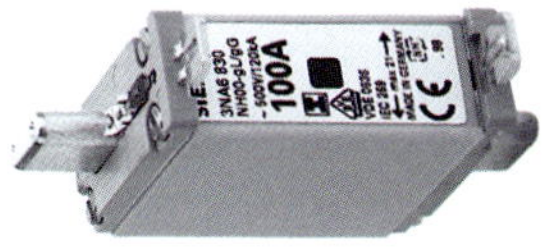

Leitungsschutz-Schalter
nach DIN VDE 0641

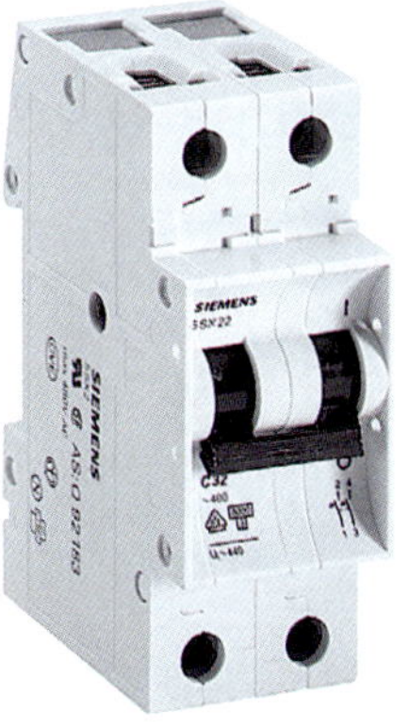

Leistungsschalter
nach DIN VDE 0660

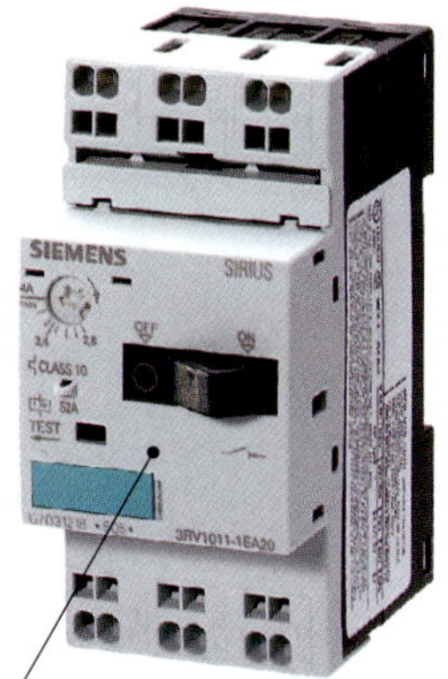

Der Leistungsschalter kommt hauptsächlich in größeren Anlagen und Gebäuden vor (Industrie). Mit ihm lassen sich Anlagenteile auch unter Last ein- bzw. ausschalten.

Die Überstrom-Schutzorgane befinden sich im Stromkreisverteiler oder im Verteilerfeld des Zählerschrankes. Sie schützen die Leitungen und Kabel vor zu hohen Strombelastungen und vor der Zerstörung durch einen Kurzschluss, bevor sich die Leiterisolierung oder die Umgebung zu stark erwärmen.

Eine **Überlastung** aufgrund einer zu großen Stromstärke kann durch eine zu hohe Verbraucherleistung auftreten. Ein **Kurzschluss** tritt überall dort auf, wo sich durch einen Fehler zwei betriebsmäßig gegeneinander unter Spannung stehende Teile berühren.

Überstrom-Schutzeinrichtungen, die vom VNB im Hausanschlusskasten plombiert werden, dienen dem Schutz der Hauptleitung sowie zur Trennung. Sie stellen nicht den Schutz bei Überlast oder Kurzschluss sicher.

2.1.1 Leitungsschutz-Sicherung

Schmelzsicherungen werden wie folgt unterschieden:

- **Bauart**
- **Betriebsklasse** zur Beschreibung des Auslöseverhaltens einer Schmelzsicherung.

- Überstrom-Schutzorgane schützen die Leitungen und Kabel vor einer zu hohen Strombelastung bzw. vor einem Kurzschluss.
- Die Überstrom-Schutzorgane im Hausanschlusskasten übernehmen keine Schutzfunktion bei Überlast bzw. Kurzschluss.
- Der Schmelzdraht in einer Schmelzsicherung ist für eine bestimmte Strombelastung ausgelegt und schmilzt bei Überlastung durch.

Fließt durch den **Schmelzdraht** ein unzulässig hoher Strom, schmilzt er und unterbricht den Stromkreis.

Sicherungseinsatz als ein zylindrischer Hohlkörper aus Porzellan, der mit Quarzsand gefüllt ist.

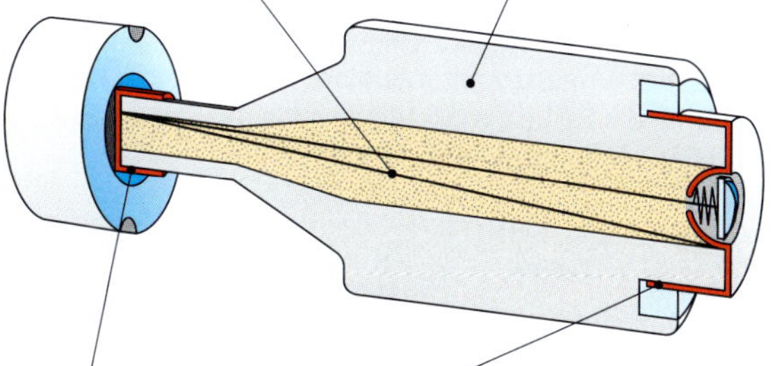

Fuß- und Kopfkontakt:
Beim Durchschmelzen der Sicherung wird gleichzeitig der Haltedraht des Melders unterbrochen. Der farbige **Melder** wird über eine Feder abgeworfen. Dies ist das eindeutige Zeichen dafür, dass die Schmelzsicherung ausgelöst hat.

Die Schmelzsicherung hat ihren Namen durch die Art der Stromunterbrechung mit Hilfe eines Schmelzdrahtes erhalten.

Bauarten von Schmelzsicherungen

Es gibt Schraub- und Stecksysteme. Zu den Schraubsicherungssystemen zählen die **D0-Systeme** (NEOZED) und **D-Systeme** (DIAZED, ältere Bauart). Die NEOZED-Systeme zeichnen sich durch eine kleine, platzsparende Bauform aus.

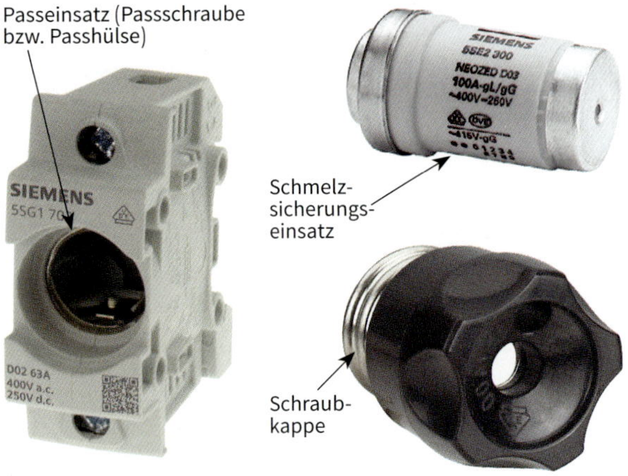

Beide Systeme werden in unterschiedlichen Baugrößen gefertigt. Sie sind leicht an der Größe des Gewindes der Schraubkappe zu unterscheiden.

- Baugrößen des D0-Systems: D01, D02, D03
- Baugrößen des D-Systems: D I, D II, D III, D IV, D V

In beiden Bauarten wird über die **Passhülse** (NEOZED) bzw. **Passschraube** (DIAZED) verhindert, dass ein Sicherungseinsatz irrtümlich in einen falschen Sicherungssockel eingesetzt wird. Der Fußkontakt der Schmelzsicherung hat dazu je nach der Bemessungsstromstärke einen unterschiedlichen Durchmesser. Der Durchmesser des Schmelzeinsatzes steigt mit größerer Bemessungsstromstärke und passt somit nicht mehr in kleinere Passschrauben bzw. Passhülsen des Sockels.

Die Bemessungsstromstärke einer Schmelzsicherung ist durch die Farbe des Melders sowie die Farbe auf dem Passeinsatz gekennzeichnet.

I_N in A	Farbe		I_N (Sockel)	Gewinde (NEOZED)	Gewinde (DIAZED)
2	rosa		25 A	D01 (E 14)	D II (E 27)
4	braun				
6	grün				
10	rot				
16	grau				
20	blau			D02 (E 18)	
25	gelb				
32/35/40	schwarz		63 A		D III (E 33)
50	weiß				
63	kupfer				

Die Bemessungsspannung beträgt beim

- NEOZED-System 400 V AC (250 V DC) bzw.
- DIAZED-System 500 V AC (500 V DC).

Die Bemessungsstromstärke für beide Bauarten reicht von $I_N = 2$ A bis $I_N = 100$ A. Das Bemessungsschaltvermögen muss bei Wechselstrom mindestens 50 kA betragen.

- Schraubsicherungen können von jeder Person bis 63 A unter Last gewechselt werden.
- Schmelzsicherungen dürfen nicht repariert oder überbrückt werden.

Das NH-System (Niederspannungs-Hochleistungssicherung) zählt zu den sogenannten Stecksystemen. Sie werden in sechs verschiedenen Baugrößen mit einer Bemessungsstromstärke von $I_N = 2$ A bis $I_N = 1250$ A gefertigt.

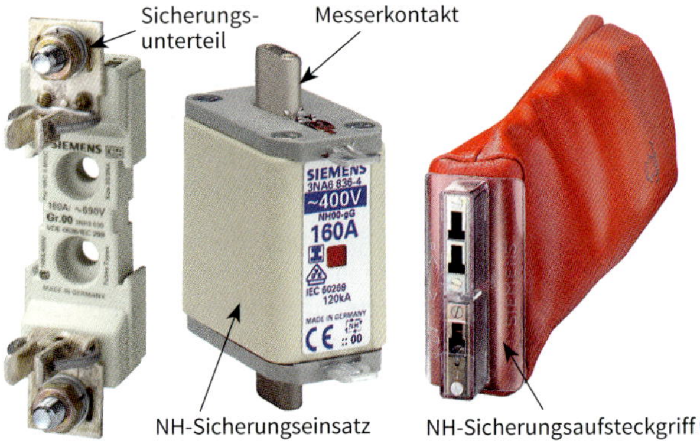

NH-Sicherungseinsätze dürfen nur von Elektrofachkräften mit besonderen Werkzeugen ① bzw. Schutzbekleidung unter Last gewechselt werden.

- Schmelzsicherungen gibt es als NEOZED, DIAZED und NH-Sicherung.
- Passeinsätze verhindern, dass ein Schmelzsicherungseinsatz mit einer größeren Bemessungsstromstärke in einen Sicherungssockel für kleinere Bemessungsstromstärken eingesetzt werden kann.
- Die Bemessungsstromstärke der Sicherung ist an der Farbe des Melders und am Passeinsatz zu erkennen.

Aufgaben

1. Erklären Sie den Aufbau und die Funktionsweise einer Schmelzsicherung!
2. Woran ist von außen erkennbar, dass eine Schmelzsicherung ausgelöst hat?
3. Erstellen Sie eine Übersicht über die Bauarten und Baugrößen von Schmelzsicherungen!

Welche Bedeutung hat die Betriebsklasse?

Dazu betrachten wir den Aufdruck auf einem NEOZED-Sicherungseinsatz.

NEOZED D03
100A-gG ← Betriebsklasse
~400V=250V

Die Kennzeichnung setzt sich aus zwei Buchstaben zusammen. Betriebsklasse der Sicherung ist hier:

gG

Der erste Buchstabe gibt die **Funktionsklasse** der Sicherung an. Der Buchstabe **g** steht für Ganzbereichsschutz.

Der zweite Buchstabe bezeichnet den **Einsatzbereich** des zu schützenden Objektes. **G** steht für Kabel- und Leitungsschutz.

Die Buchstaben gG bezeichnen dieselbe Betriebsklasse wie die bisherige Kennzeichnung gL, jedoch nach DIN VDE 0636-2.

Funktionsklasse

Sicherungseinsätze der **Funktionsklasse g** können mindestens Ströme bis zur angegebenen Bemessungsstromstärke dauernd führen. Sie schalten Ströme vom niedrigsten Schmelzstrom bis zum Bemessungsausschaltstrom und sind für Überlast- und Kurzschlussschutz geeignet.

Sicherungen der **Funktionsklasse a** können Ströme oberhalb eines bestimmten Vielfachen der Bemessungsstromstärke bis zum Bemessungsausschaltstrom schalten. Sie schützen nur gegen Kurzschluss.

Übersicht der Betriebsklassen		
Betriebsklasse	**Funktionsklasse**	**Einsatzbereich**
gG	g = Ganzbereichsschutz	Kabel und Leitungen
gTr		Transformatoren
gR		Halbleiter
gB		Bergbauanlagen
gPV		PV-Stränge
aM	a = Teilbereichsschutz	Schaltgeräteschutz/ Motorschutz
aR		Halbleiterschutz

Bei den DIAZED-Sicherungen unterscheidet man „träge“ und „flink“. Eine Sicherung mit der Charakteristik „flink“ schaltet im Kurzschlussbereich schneller ab als eine „träge“ Sicherung. Diese wird dort eingesetzt, wo Gleichströme mit einer großen Induktivität ausgeschaltet werden (z. B. Gleichstrom-Bahnanlagen).

Wie schnell der Schmelzdraht der Sicherung durchschmilzt, zeigt das Diagramm der Zeit-Strom-Bereiche (Abb. 1). Es ist für die Betriebsklassen unterschiedlich.

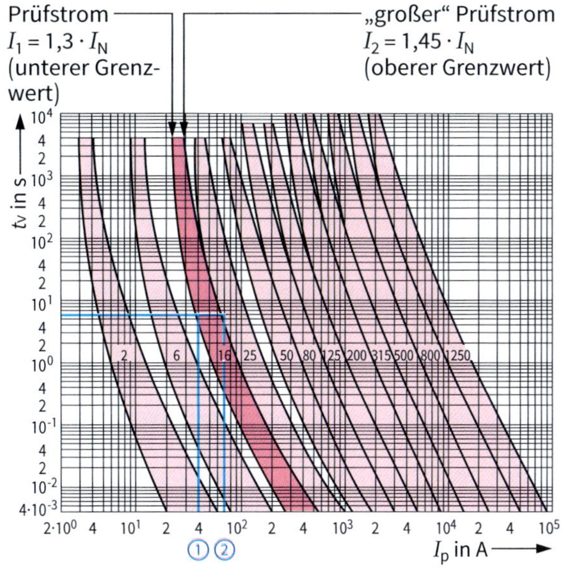

1: Zeit-Strom-Bereiche der Betriebsklasse gG

Für jede Bemessungsstromstärke ist ein Toleranzband angegeben, innerhalb dessen die Schmelzsicherung auslösen muss. Bei einer Auslösedauer von 5 s und einer Schmelzsicherung 16 A bedeutet dies, dass zum Auslösen eine Stromstärke von mindestens 40 A ① und maximal 70 A ② erforderlich ist.

Schmelzsicherungen bis 63 A, die vom Prüfstrom I_1 durchflossen werden, dürfen nach einer Stunde noch nicht auslösen. Erst wenn der große Prüfstrom I_2 fließt, darf die Sicherung auslösen. Dieser Prüfstrom ist für die Zuordnung der Überstrom-Schutzorgane zum Leiterquerschnitt der installierten Leitung wichtig.

- Die Betriebsklasse gibt das Einsatzgebiet der Schmelzsicherung an.
- Das Toleranzband der Zeit-Strom-Bereiche gibt an, innerhalb welcher Grenzen eine Schmelzsicherung schalten muss.

Aufgaben

1. Was besagt der Aufdruck gTr auf einer Schmelzsicherung?
2. Worin besteht der Unterschied zwischen der Funktionsklasse g und a im Bezug auf das Schaltvermögen?
3. Innerhalb welchen Zeitbereiches muss eine Sicherung der Betriebsklasse gG (I_N = 16 A) bei einem Fehlerstrom I_F = 100 A abschalten?

2.1.2 Leitungsschutz-Schalter

Ein Vorteil des Leitungsschutz-Schalters (kurz: **LS-Schalter**) gegenüber einer Schmelzsicherung liegt darin, dass er nach dem Auslösen wieder eingeschaltet werden kann. LS-Schalter schützen die Anlage vor Überlastung und Kurzschluss. Sie werden in Beleuchtungs- und Steckdosenstromkreisen eingesetzt (vgl. DIN 18015-1).

Die **Auslöseeinrichtung** besteht aus einem

- thermischen Auslöser (Schutz gegen Überlast) und
- unverzögerten elektromagnetischen Auslöser (Schutz gegen Kurzschluss).

Beide **Auslöseeinrichtungen** liegen in Reihe, sodass entweder eine Überlastung oder ein Kurzschluss im nachfolgenden Anlagenteil zur Abschaltung ausreicht.

Für spezielle Eigenschaften von Betriebsmitteln werden unterschiedliche **Auslösecharakteristiken** (B, C, D, K und Z) benötigt. Das Auslöseverhalten jeder Charakteristik zeigt die Auslösekennlinie in Abb. 1.

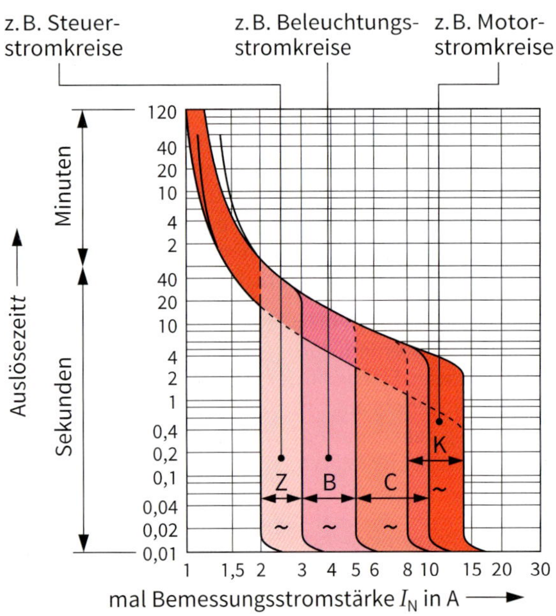

Auslöseverhalten von LS-Schaltern		
Charakteristik	Auslösung unverzögert	Auslösung verzögert
B	3 bis 5 x I_N	1,13 bis 1,45 x I_N
C	5 bis 10 x I_N	1,13 bis 1,45 x I_N
D	5 bis 20 x I_N	1,13 bis 1,45 x I_N
K	8 bis 14 x I_N	1,05 bis 1,2 x I_N
Z	2 bis 3 x I_N	1,05 bis 1,2 x I_N

1: Auslösekennlinien und Auslöseverhalten

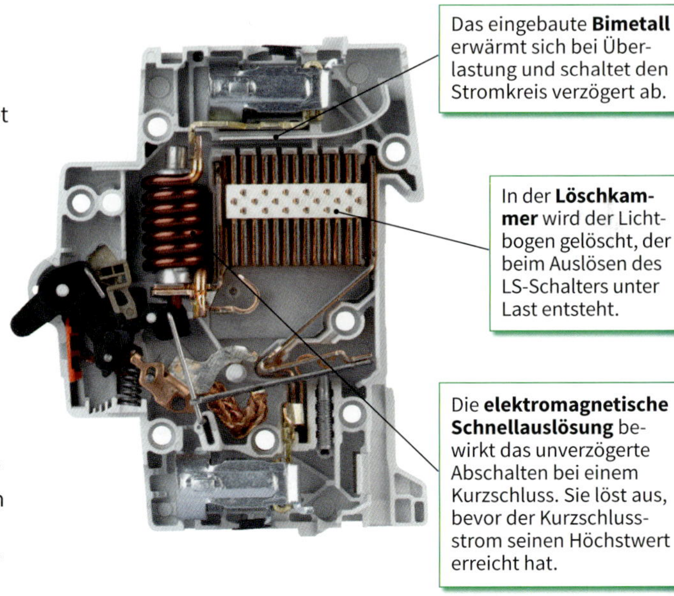

2: Aufbau eines Leitungsschutz-Schalters (Bild: ABB)

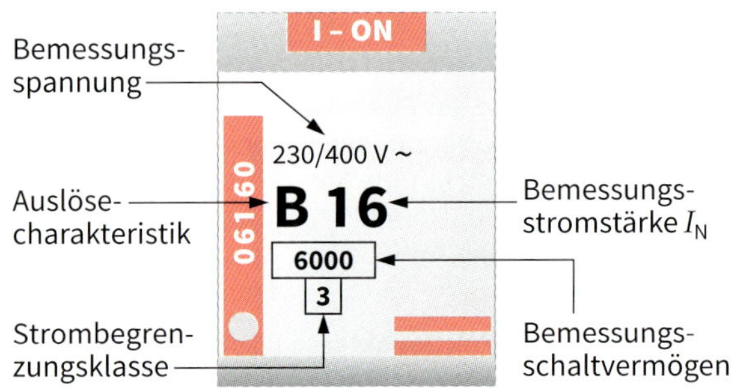

3: Kenngrößen eines LS-Schalters

Das **Bemessungsschaltvermögen** bei Leitungsschutz-Schaltern muss mindestens so groß sein wie der maximale auftretende Kurzschlussstrom, z. B. 3000 A, 4500 A, 6000 A, 10000 A.

Für LS-Schalter im Stromkreisverteiler wird ein Schaltvermögen von 6000 A gefordert.

Oftmals ist der maximal zu erwartende Kurzschlussstrom unbekannt. Um den LS-Schalter wirksam zu schützen, übernimmt eine vorgeschaltete Schmelzsicherung (Betriebsklasse gG) mit $I_N \leq 100$ A den so genannten Rückschutz („Back-up-Schutz“).

- LS-Schalter schützen durch einen thermischen Auslöser gegen Überlast und durch einen elektromagnetischen Auslöser gegen Kurzschluss.
- Unterschiedliche Auslösecharakteristiken bestimmen das Auslöseverhalten von LS-Schaltern.
- Das Bemessungsschaltvermögen bei Leitungsschutz-Schaltern in Stromkreisverteilern muss 6000 A betragen.

Welche Bedeutung hat die Strombegrenzungsklasse?

Die Strombegrenzungsklasse wird auch als **Selektivitätsklasse** bezeichnet. Es gibt die drei Selektivitätsklassen 1, 2 und 3 (vgl. Abb. 3). Der Begriff **Selektivität** besagt, dass nur die der Fehlerquelle unmittelbar vorgeschaltete Überstrom-Schutzeinrichtung auslösen darf (Abb. 4). Die übrigen Stromkreise dürfen bei einem Fehler nicht abgeschaltet werden.

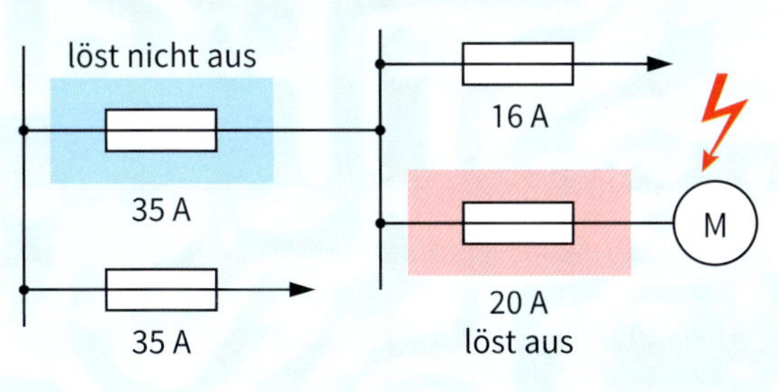

4: Selektivität in einer Verbraucheranlage

Wann ist in der Praxis Selektivität gewährleistet?

Werden zwei Schmelzsicherungen hintereinander geschaltet, müssen sich die Bemessungsstromstärken mindestens um den Faktor 1,6 unterscheiden.

Selektivität

Einer Schmelzsicherung mit $I_N = 16$ A ist eine weitere Schmelzsicherung vorgeschaltet. Welche Bemessungsstromstärke darf die vorgeschaltete Schmelzsicherung haben?

$$\frac{I_{N,\,vor}}{I_{N,\,nach}} = 1{,}6 \qquad I_{N,\,vor} = I_{N,\,nach} \cdot 1{,}6$$

$$I_{N,\,vor} = 16\text{ A} \cdot 1{,}6 \qquad \underline{\underline{I_{N,\,vor} = 25{,}6\text{ A}}}$$

Gewählt: $I_N = 25$ A

Bei Schmelzsicherungen ist Selektivität dann gegeben, wenn sich die Bemessungsstromstärken um zwei Stufen unterscheiden.

Zwischen zwei LS-Schaltern ist die Selektivität nicht durch einfache Bedingungen zu erfüllen. Der Grund liegt in der elektromagnetischen Schnellauslösung, die nahezu unverzögert beide Schalter gleichzeitig auslöst. Daher wird in Herstellertabellen angegeben, bis zu welchem **Kurzschlussstrom** zwei aufeinanderfolgende LS-Schalter selektiv arbeiten.

In der Praxis werden häufig LS-Schalter mit einer vorgeschalteten Schmelzsicherung eingesetzt (z. B. Hausverteilung). Dort sollen LS-Schalter mit der höchsten Selektivitätsklasse 3 verwendet werden, auch wenn in bestimmten Fällen ein geringere Strombegrenzung ausreichend ist.

Montage von Überstrom-Schutzorganen

- LS-Schalter und Schmelzsicherungssysteme werden mit einem Schnappmechanismus auf den Hutschienen in die Stromkreisverteiler montiert.
- Die Sicherungen sind auf der Schiene so anzuordnen, dass diejenigen mit den großen Bemessungsstromstärken dem Einspeisepunkt (eingangsseitige Zuleitung) am nächsten liegen.
- Die dreiphasige Zuleitung von nebeneinander montierten LS-Schaltern wird über eine Sammelschiene auf die Zuleitungsanschlüsse verteilt. Die Phasenfolge ist stets abwechselnd: L1, L2, L3, L1, L2, usw.
- Die Zuleitungen zu den Anschlussklemmen der Eingangs- und Ausgangsseite müssen fest angeschraubt werden.

- Selektivität ist dann erfüllt, wenn im Fehlerfall nur die der Fehlerquelle unmittelbar vorgeschaltete Überstrom-Schutzeinrichtung auslöst.
- Zwischen zwei Schmelzsicherungen ist Selektivität gegeben, wenn sich die Streubänder der Ausschaltzeitkennlinien nicht schneiden oder berühren.

Aufgaben

1. Welche Vorteile bietet ein Leitungsschutz-Schalter gegenüber einer Schmelzsicherung?
2. Beschreiben Sie die Funktion der beiden Auslösemechanismen in einem LS-Schalter!
3. Was besagt die Angabe 6000 auf einem LS-Schalter?
4. Worin besteht der Unterschied zwischen einem Leitungsschutz-Schalter der Charakteristik B und K?
5. Sie haben die Aufgabe, einen Steckdosenstromkreis $I_N = 16$ A mit einem LS-Schalter abzusichern. Dieser Stromkreis soll für den Betrieb eines Schleifgerätes vorgesehen werden, das einen 12-fachen Anlaufstrom aufnimmt.
Welche Charakteristik wählen Sie aus?
6. Was ist unter dem Begriff „Back-up-Schutz" zu verstehen?
7. Was bedeutet Selektivität für mehrere hintereinandergeschaltete Überstrom-Schutzeinrichtungen?
8. In einer Anlage befindet sich eine Schmelzsicherung $I_N = 25$ A.
Welche Bemessungsstromstärke muss die unmittelbar vorgeschaltete Schmelzsicherung haben, damit Selektivität gegeben ist?
9. Warum ist bei LS-Schaltern eine generelle Selektivität schwer zu erreichen?

2.1.3 Bemessung von Überstrom-Schutzorganen

Damit der Überlastschutz durch das entsprechende Überstrom-Schutzorgan gewährleistet ist, müssen bei der Bemessung folgende Bedingungen beachtet werden.

1. Bemessungsstromregel: $I_b \leq I_N \leq I_Z$

Die Betriebsstromstärke I_b darf maximal so groß werden wie die Bemessungsstromstärke I_N des Überstrom-Schutzorgans. I_N muss stets kleiner sein als die maximal zulässige Strombelastbarkeit I_Z der Leitung.

In der praktischen Anwendung darf bei einer ermittelten Strombelastbarkeit einer Leitung mit 19 A die Bemessungsstromstärke der vorgeschalteten Überstrom-Schutzeinrichtung maximal genauso groß sein. Da eine Schutzeinrichtung mit diesem Wert jedoch nicht gefertigt wird, wählen wir eine 16 A-Sicherung aus. Diese Sicherung muss verhindern, dass die Betriebsstromstärke den Grenzwert überschreitet.

2. Auslösestromregel: $I_2 \leq 1{,}45 \cdot I_Z$

Ein Überstrom-Schutzorgan muss erst nach einer Prüfdauer von einer Stunde auslösen, wenn der große Prüfstrom I_2 fließt. Die Zeitdauer von einer Stunde gilt für Bemessungsstromstärken $I_N < 63$ A. Die Bedingung besagt, dass die große Prüfstromstärke I_2 kleiner sein muss, als das 1,45-fache der Strombelastbarkeit. Der Faktor 1,45 ist ein international anerkannter Kompromiss zwischen Schutz und Nutzen einer Leitung.

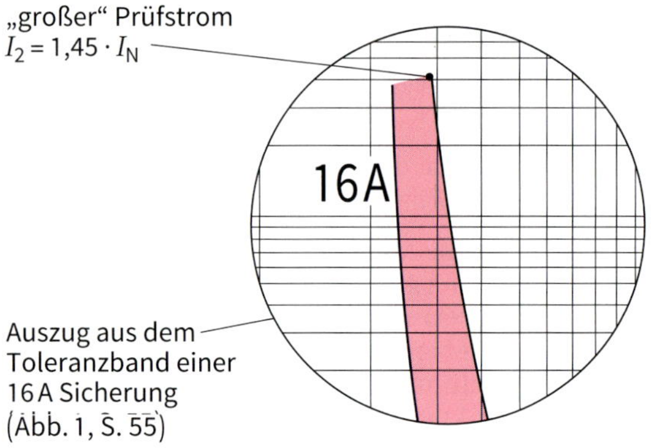

Werden beide Bedingungen von einem Überstrom-Schutzorgan erfüllt, gilt folgende vereinfachte Beziehung zur Festlegung der Bemessungsstromstärke I_N.

$$I_N \leq I_Z$$

Schmelzsicherungen der Betriebsklasse gG (vgl. S. 55) und Leitungsschutz-Schalter mit den Charakteristiken B, C, D, K und Z erfüllen beide Bedingungen. Bei diesen Überstrom-Schutzeinrichtungen darf die Bemessungsstromstärke maximal so groß sein wie die zulässige Strombelastbarkeit.

Zuordnung bei LS-Schaltern
Leiterquerschnitt q und Bemessungsstromstärke I_N (Verlegeart C, ϑ = 25 °C)

q in mm²	Zweileiter	Dreileiter
	I_N in A	
1,5	20	16
2,5	25	25
4	32	32
6	40	40
10	50	50
16	63	63

2.1.4 Anordnung der Schutzeinrichtung

Wird in einer Anlage die Strombelastbarkeit verringert, so müssen Überstrom-Schutzeinrichtungen eingebaut werden. Dieser Fall tritt ein bei

- Verkleinerung des Leiterquerschnitts,
- Wechsel der Verlegeart und
- Änderung des Isolierwerkstoffes.

Einrichtungen zum Schutz gegen Kurzschluss müssen am **Leitungsanfang** eingebaut werden. Überlast-Schutz-einrichtungen hingegen dürfen im Verlauf einer Leitung versetzt werden, wenn die Leitung keine Abzweigung enthält. Da in der Praxis der Kurzschlussschutz sowie der Überlastschutz von einem Betriebsmittel erfüllt wird, werden Überstrom-Schutzeinrichtungen am Leitungsanfang angeordnet.

In besonderen Fällen, in denen das Auslösen der Schutzeinrichtung schwerwiegende Folgen hat (Stromkreise für Alarm-/Brandmeldeanlagen oder Hubmagnete), muss auf den Überlast- und Kurzschlussschutz verzichtet werden.

- Bei der Zuordnung des Überstrom-Schutzorgans zur Leitung müssen die Bemessungs- und die Auslösestromregel erfüllt sein.
- Bei Schmelzsicherungen der Betriebsklasse gG und Leitungsschutz-Schaltern der Charakteristik B, C, D, K und Z muss die Bemessungsstromstärke der Sicherung kleiner als die Strombelastbarkeit der Leitung sein.
- Überstrom-Schutzeinrichtungen werden dort eingebaut, wo die Strombelastbarkeit der Leitung verringert wird.

Aufgaben

1. Welche Voraussetzungen müssen erfüllt sein, damit bei der Zuordnung der Überstrom-Schutzorgane zu der Leitung die vereinfachte Bedingung $I_N \leq I_Z$ angewendet werden darf?

2. In welchen Fällen wird in einer Anlage die Strombelastbarkeit verringert?

2.2 Leitungsverlegung

Die Leitungen dienen in einer elektrischen Anlage zum Transport der elektrischen Energie. Für die unterschiedlichen Einsatzbereiche werden verschiedene Leitungsarten hergestellt. Sie müssen auf die mechanische, elektrische und wärmetechnische Beanspruchung ausgelegt und ausgewählt werden.

Eine oder mehrere Einzelleiter in einer gemeinsamen Umhüllung (Isolierung) werden
- Leitung bzw.
- Kabel genannt.

Zur Vereinfachung wird in den folgenden Erklärungen einheitlich der Begriff **Leitung** verwendet.

Die Leiterisolationen sind folgendermaßen farblich gekennzeichnet.

Leiter		Bezeichnung	Farbe
Wechselstrom	Außenleiter	L1; L2; L3	1)
	Neutralleiter	N	
Gleichstrom	positiv	L+	1)
	negativ	L–	1)
	Mittelleiter	M	
Schutzleiter		PE	
PEN-Leiter		PEN	
Erde		E	1)

1) Farbe ist nicht festgelegt.

Befinden sich in einer Leitung mehr als fünf Einzeladern, dann sind die Leiter schwarz gekennzeichnet und mit einem Zahlenaufdruck versehen. Der grün-gelbe Leiter darf ausschließlich als Schutzleiter verwendet werden.

2.2.1 Leitungen und Kabel

Der Aufbau einer Leitung wird durch die **Kurzbezeichnung** angegeben. Diese Kurzbezeichnung ist aus einer Kombination von Buchstaben und Ziffern aufgebaut. Jedes der Zeichen steht für ein Merkmal bzw. eine Eigenschaft der Leitung. Abb. 1 zeigt die Verpackungsaufschrift einer Gummischlauchleitung.

1: Aufschrift auf einer Leitungsverpackung

Zur Bestimmung der Bauart dieser Leitung wird die Kurzbezeichnung in acht Blöcke untergliedert. Jeder Block beschreibt ein Merkmal der Leitung. Mit der nachfolgenden Tabelle zeigen wir diese Merkmale mit den Kurzzeichen aus der Abb. 1.

Beispiel	Merkmal	Kurzzeichen
H	Bestimmungskennzeichen	H: Harmonisierter Typ A: anerkannter nationaler Typ
07	Bemessungsspannung in kV	07: 450/750 V 05: 300/500 V 03: 300/300 V
RR	Isolier- und Mantelwerkstoff	V: PVC R: Kautschuk T: Textilgewerbe
-	Aufbauart der Leitung	H: flach, aufteilbar H2: flach, nicht aufteilbar
F	Leiterart	U: eindrähtig R: mehrdrähtig K: feindrähtig; fest verlegt F: feindrähtig; flexibel H: feinstdrähtig
5	Aderzahl	
G	Schutzleiter (grün-gelb)	X: ohne Schutzleiter G: mit Schutzleiter
1,5	Leiterquerschnitt in mm²	

Neben diesen neuen Kurzzeichen werden in der Praxis auch nationale Kurzzeichen verwendet. Eine dreiadrige Mantelleitung (Querschnitt $q = 1{,}5\ \text{mm}^2$) wird unter der Bezeichnung NYM 3 x 1,5 geführt.

Leitungsart	Kurzzeichen
Kunststoffaderleitung 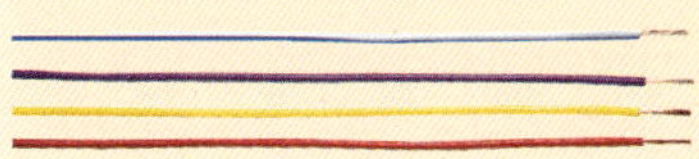	H07V-U (auch NYA)
PVC-Mantelleitung 	NYM
Halogenfreie Mantelleitung 	NHXMH
Kunststoffkabel 	NYY

- Leitungen bzw. Kabel sind entsprechend der Bauart mit Kurzzeichen gekennzeichnet.
- Die grün-gelbe Kennzeichnung darf ausschließlich für den Leiter mit Schutzfunktion (PE, PEN) verwendet werden.

Leiterquerschnitt

Es werden bestimmte Leiterquerschnitte hergestellt. Die folgende Tabelle zeigt einige **Normquerschnitte** bis 70 mm².

	Normquerschnitt von Kupferleitern in mm²									
Außenleiter	1,5	2,5	4	6	10	16	25	35	50	70
Schutz-/ PEN-Leiter	1,5	2,5	4	6	10	16	16	16	25	35

Der Querschnitt des Schutzleiters bzw. PEN-Leiters ist bis zu 16 mm² identisch mit dem Querschnitt des Außenleiters. In Wohngebäuden werden ausschließlich Leiter aus Kupfer verwendet.

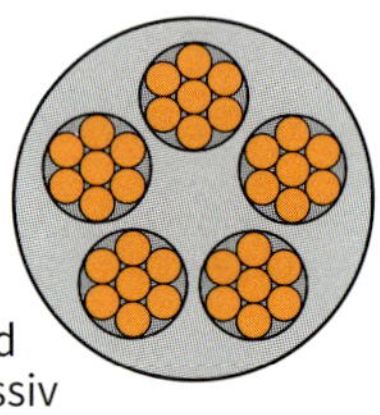

rund
massiv

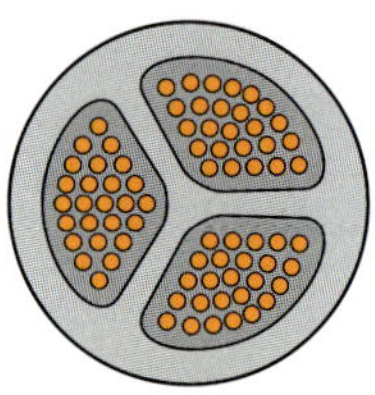

sektorförmig
mehrdrähtig

Der **Leiteraufbau** von Leitungen und Kabel für feste Verlegung besteht aus eindrähtigen oder mehr- bzw. feindrähtigen Einzelleitern.

Die Einzelleiter können dabei innerhalb der Ummantelung rund oder sektorförmig angeordnet sein. Bis zu einem Querschnitt von q = 10 mm² werden Kupferleiter als massive Leiter hergestellt. Ab q = 16 mm² bestehen sie aus einem Geflecht von mehreren massiven Einzeldrähten.

Für flexible Anschlussleitungen (Kunststoffschlauchleitung H05W-F), z. B. bei Geräteanschlüssen, werden fein- oder feinstdrähtige Leiter verwendet, so genannte flexible Leiter. Sie haben den Vorteil einer hohen Beweglichkeit.

Mindestleiterquerschnitt

Je nach dem Einsatz der Leitung ist ein Mindestquerschnitt der Einzelleiter vorgeschrieben. Den Zusammenhang zwischen Anwendung und Mindestquerschnitt zeigt die nachfolgende Tabelle. Der Querschnitt der Leiter richtet sich nach der Stromstärke und der Leiterlänge.

- Der Leiterquerschnitt des PE- oder PEN-Leiter ist bis q = 16 mm² identisch mit dem des Außenleiters.
- Die Leitungen bzw. Kabel bestehen aus ein-, mehr- oder feindrähtigen Einzelleitern.
- Für Geräteanschlussleitungen sind fein- oder feinstdrähtige Leiter vorgeschrieben.
- Für die feste, geschützte Leitungsverlegung beträgt der Mindestleiterquerschnitt q = 1,5 mm².

Mindestleiterquerschnitt von Kupferleitern	
Anwendung	***q* in mm²**
fest, geschützte Verlegung	1,5
Leitungen in Schaltanlagen und Verteilern – bis 2,5 A – über 2,5 A bis 16 A – über 16 A	 0,5 0,75 1,0
Bewegliche Anschlussleitungen – leichte Handgeräte bis I_N = 1 A und l = 2 m – Geräte bis I_N = 2,5 A und l = 2 m – Geräte bis I_N = 10 A – Geräte über I_N = 10 A	 0,1 0,5 0,75 1,0

Aufgaben

1. Welche Beanspruchungen müssen bei der Auswahl von Leitungen und Kabel berücksichtigt werden?
2. Wie sind die Leiter in einer siebenadrigen Leitung gekennzeichnet?
3. Was bedeutet die Bezeichnung H07V-K1,5 auf der Verpackung einer Leitung?
4. Als Zuleitung zu einer Wandleuchte soll NYM-O 3x1,5 verwendet werden.
Ist dieser Leitungstyp für diesen Zweck erlaubt? (Begündung)
5. Ist die Verwendung des grün-gelben Leiters als Schaltdraht in einer Wechselschaltung zulässig? (Begründung)
6. Wie ist der Schutzleiter einer Mantelleitung NYM mit einem Außenleiterquerschnitt von 25 mm² aufgebaut?
Welchen Querschnitt besitzt der PEN-Leiter?
7. Die Zuleitung eines Staubsaugers ist defekt und muss ausgetauscht werden.
Wie müssen die Einzelleiter der Zuleitung aufgebaut sein? (Begründung)
8. Darf als Zuleitung bei einem Bügeleisen derselbe Leitungstyp verwendet werden wie bei einem Staubsauger? (Begründung)
9. Welchen Querschnitt muss die Zuleitung für einen Staubsauger haben (P = 1500 W; U = 230 V)?
10. Welchen Leiterquerschnitt müssen Sie für die Verbindungsleitung von der Sicherung zur Reihenklemme in einem Stromkreisverteiler wählen?
11. Die Bemessungsleistung eines ortsveränderlichen Heizlüfters ist bei U = 230 V mit P = 2500 W angegeben.
Berechnen Sie die Stromstärke!
Bestimmen Sie den erforderlichen Leiterquerschnitt!

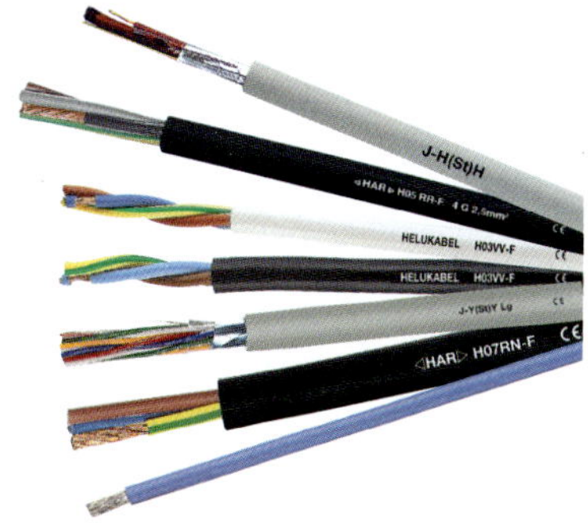

2.2.2 Auswahl von Leitungen

Zu Beginn einer Installation in einem Gebäude stellt sich für den Elektroinstallateur immer die Frage, welche Leitung mit welchem Leiterquerschnitt verlegt werden muss.

Die folgende Übersicht zeigt nach welchen Gesichtspunkten Leitungen ausgewählt werden.

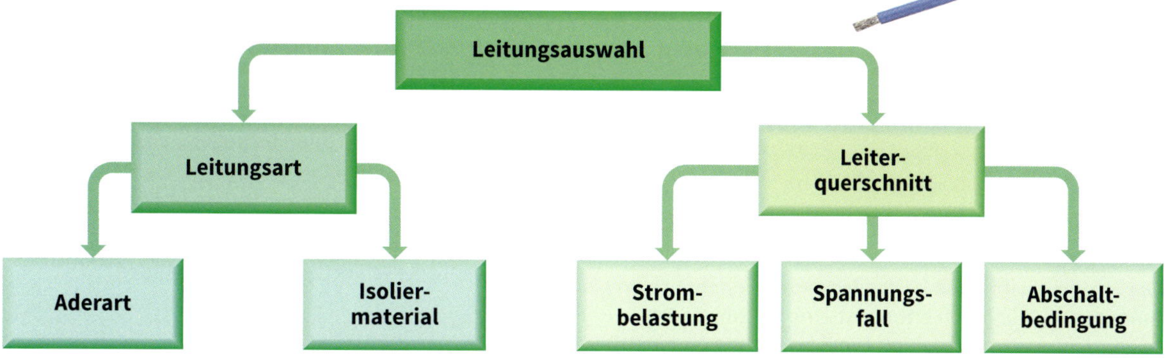

Aderart

Die Art des Leiteraufbaus ist abhängig vom Anwendungszweck der Leitung. In der **Wohngebäudeinstallation** werden ausschließlich massive Leiter aus Kupfer eingesetzt. Ab einem Leiterquerschnitt von $q = 16\ \text{mm}^2$ bestehen die Kupferleiter aus einem Geflecht von mehrdrähtigen massiven Einzelleitern. Dies erleichtert die Verarbeitung, da sich die Leitung leichter biegen lässt.

Bei der internen **Verdrahtung des Zählerplatzes** sowie der Stromkreisverteiler werden Einzeladern verwendet, die nicht aus massiven Adern bestehen. Die Verdrahtung des Zählers erfolgt mit feindrähtigen Leitern vom Typ H07V-K. Die Leiter sind speziell für die feste Verlegung in Verteilern vorgesehen.

Anschlussleitungen zu ortsveränderlichen Geräten (z. B. Haushaltsgeräte, Elektrowerkzeuge) müssen flexibel sein. Daher bestehen diese Leitungen aus fein- bzw. feinstdrähtigen Einzelleitern.

Isoliermaterial

Bei der Kennzeichnung der Leitungen (vgl. S. 59) haben wir festgestellt, dass zwischen dem Isolier- und Mantelwerkstoff einer Leitung unterschieden wird. Das Material der jeweiligen Isolierung bestimmt die thermische und mechanische Beanspruchung der Leitung sowie den Einsatz in trockenen, feuchten bzw. nassen Räumen.

Innerhalb der Kurzbezeichnung stehen zwei Buchstaben für den verwendeten Werkstoff der Isolierung und des Mantels. Eine wichtige Einflussgröße für die Verwendung der unterschiedlichen Werkstoffe sind die äußeren Verlegebedingungen.

Die Verwendung von Kabel und isolierten Leitungen ist nach DIN VDE 0298 genormt. In der folgenden Tabelle sind die wichtigsten Leitungen in einer Gebäudeinstallation mit den Verlegebedingungen aufgeführt.

Verwendungsbereiche von Leitungen	
Leitungsbauart	**Verlegebedingungen**
PVC-Mantelleitung (NYM)	• im, unter oder auf Putz in trockenen, feuchten oder nassen Räumen; • im Freien (nicht bei direkter Sonneneinstrahlung) • im Beton (ausgenommen bei Rüttel- oder Stampfbeton) • Verlegetemperatur: +5 °C … +70 °C
Halogenfreie Mantelleitung (NHXMH)	• im, unter oder auf Putz • in trockenen, feuchten und nassen Räumen • Verlegetemperatur: +5 °C … +60 °C
leichte Kunststoffschlauchleitung (H03VV-F)	• in trockenen Räumen • bei geringer mechanischer Beanspruchung
leichte Gummischlauchleitung (H05RR-F)	• in trockenen Räumen • bei geringer mechanischer Beanspruchung für Hand- u. Wärmegeräte
schwere Gummischlauchleitung (H07RN-F)	• in trockenen, feuchten oder nassen Räumen • bei mittlerer mechanischer Beanspruchung • im Freien und in feuergefährdeten Betriebsstätten sowie in Nutzwasser

Bei der Installation ist darauf zu achten, dass die Grenzwerte für die Verlegetemperatur eingehalten werden, da z. B. der Isolier- und Mantelwerkstoff unter einer Temperatur von 5 °C hart und brüchig wird.

Bei der Verlegung einer Leitung, z. B. um eine Mauerkante herum, müssen die maximalen Biegeradien beachtet werden. Der kleinste zulässige Biegeradius ist von den äußeren Abmessungen abhängig. Die folgende Tabelle zeigt den Zusammenhang.

Kleinste zulässige Biegeradien			
	Außendurchmesser		
starre Leitung	**bis 10 mm**	**10 bis 25 mm**	**über 25 mm**
feste Verlegung	$4 \cdot d$	$4 \cdot d$	$4 \cdot d$
flexible Leitung	**bis 8 mm**	**8 bis 12 mm**	**12 bis 20 mm**
feste Verlegung	$3 \cdot d$	$3 \cdot d$	$4 \cdot d$
bei Einführungen	$3 \cdot d$	$4 \cdot d$	$5 \cdot d$

Strombelastung

Die Strombelastbarkeit hängt wiederum von mehreren Faktoren ab. Für jede Leitung ist eine maximale Betriebstemperatur festgelegt. Die Erwärmung ist eine direkte Folge der Strombelastung. Die Wärme wird von der Leitung an die Umgebung abgeführt. Die folgende Auflistung zeigt die Grenztemperaturen am Leiter und an der Oberfläche.

Grenztemperaturen in °C			
	am Leiter		an der Oberfläche
Leitungsbauart	im Betrieb	im Kurzschluss	fest verlegt
NYM	+ 70	+ 160	− 40 … + 70
NHXMH	+ 70	+ 160	− 40 … + 70
H07RN-F	+ 70	+ 200	− 40 … + 60

Wird die Leitung nun zusätzlich in einer Umgebung mit erhöhter Temperatur eingesetzt (z. B. in einer Sauna) oder in einer wärmeisolierten Wand verlegt, verschlechtert sich die Wärmeabfuhr nach Außen.

⇒ Die Strombelastbarkeit muss verringert werden, damit die Grenztemperatur am Leiter zu keinem Zeitpunkt und an keiner Stelle überschritten wird.

Wovon ist die Strombelastbarkeit abhängig?

Die **Temperatur am Leiter** wird durch folgende Größen beeinflusst:

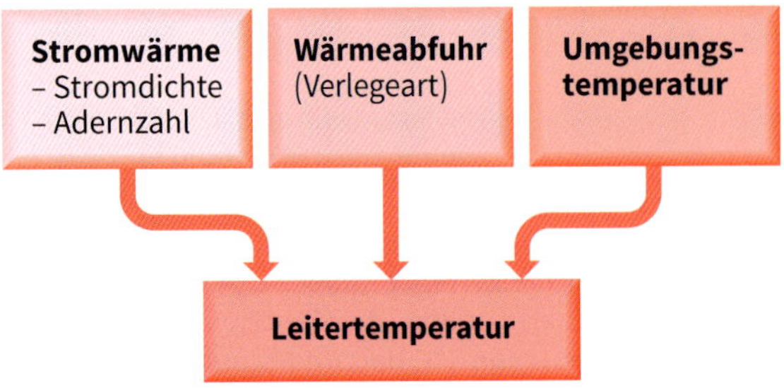

Wodurch wird die Stromwärme beeinflusst?

Die **Stromdichte** ist verantwortlich für die Eigenerwärmung der Leitung. Anhand der folgenden einfachen Überlegung lässt sich die Auswirkung verdeutlichen.

Ein Leiter mit einem Querschnitt von $q = 2{,}5\ \text{mm}^2$ wird von einer Stromstärke $I = 17$ A durchflossen. Die Leitung erwärmt sich aufgrund der Bewegung der freien Elektronen im Leiter.

Im nächsten Schritt verringern wir bei gleicher Stromstärke den Leiterquerschnitt auf $q = 1{,}5\ \text{mm}^2$.

Durch die unveränderte Stromstärke bleibt die Anzahl der Elektronen gleich. Nur der Raum (Leiterquerschnitt), in dem sich die Elektronen bewegen, wird enger. Dadurch erwärmt sich der Leiter stärker.

Die Stromdichte J steigt somit an, wenn

- die Stromstärke I vergrößert und
- der Leiterquerschnitt q verkleinert werden.

$$J = \frac{I}{q} \qquad \text{Einheit: } 1\ \frac{\text{A}}{\text{mm}^2}$$

Sind in einer Leitung mehrere belastete Adern vorhanden (z. B. NYM 5 x 1,5 mm²), steigt auch die Eigenerwärmung der gesamten Leitung an.

- Fest verlegte Leitungen in Gebäuden haben massive Kupferleiter.
- Jedes Isoliermaterial ist für eine festgelegte mechanische und thermische Beanspruchung geeignet.
- Die Strombelastbarkeit ist von der Stromdichte, der Anzahl der belasteten Adern, der Verlegeart sowie der Umgebungstemperatur abhängig.
- Die Stromdichte und die Anzahl der belasteten Adern bestimmt die Eigenerwärmung einer Leitung.

Aufgaben

1. Warum darf der Zähler nicht mit einer massiven Leitung angeschlossen werden?

2. Sie müssen in einer Garage eine Aufputz-Installation ausführen.

Welche Leitung wählen Sie aus? (Begründung)

3. Wo darf eine Leitung mit der Bezeichnung H07RN-F verlegt werden?

4. Wie groß ist der maximale Biegeradius der Mantelleitung NYM 3 x 1,5 mm²?

5. Die Stromdichte einer Leitung ($q = 4\ \text{mm}^2$) darf nicht größer als $6{,}75\ \frac{\text{A}}{\text{mm}^2}$ sein.

Welche Stromstärke darf im Leiter maximal fließen?

2.2.3 Verlegebedingungen

Die Erwärmung einer Leitung wird zusätzlich von den äußeren Bedingungen beeinflusst. Dabei kann einmal die Wärmeableitung behindert werden oder die Temperatur der Umgebung erhöht sein. Der Wärmeabtransport wird von der Verlegeart der Leitung bestimmt. Beide Einflüsse wirken sich auf die Strombelastbarkeit negativ aus.

Verlegearten

Der Zusammenhang zwischen der Verlegeart und der Strombelastbarkeit kann nach DIN VDE 0298-4 in Form einer Tabelle (vgl. S. 64, Abb. 1) beschrieben werden. Dazu sind die unterschiedlichen Verlegearten in Kategorien aufgeteilt worden.

Kurzzeichen	Erklärung
A1 und **A2**	Verlegung in wärmegedämmten Wänden
B1 und **B2**	Verlegung in Elektro-Installationsrohr bzw. -Installationskanal
C	Verlegung auf und im Mauerwerk bzw. Beton
D	Verlegung in Erde
E, **F** und **G**	Verlegung in Luft

In der Tabelle der Strombelastbarkeiten für die feste Verlegung in Gebäuden wird der Zusammenhang zwischen

- Verlegeart,
- Anzahl der belasteten Adern,
- Leiterquerschnitt q und
- Strombelastbarkeit I_r

hergestellt.

Die Werte der Belastungsstromstärken gelten für den Dauerbetrieb von einer Leitung mit PVC-Isolierung bei einer Umgebungstemperatur von 25 °C und einer zulässigen Betriebstemperatur von 70 °C. An einem Beispiel werden wir die Arbeitsweise mit dieser Tabelle veranschaulichen.

Einfluss der Verlegeart auf die Strombelastbarkeit

Eine mehradrige Mantelleitung mit zwei belasteten Adern und einem Querschnitt von 1,5 mm² wird

a) unter Putz und

b) in einer wärmegedämmten Holzwand verlegt.

Wie groß ist die Strombelastbarkeit?

Fall a)
Installation unter Putz:

Verlegeart C bei zwei belasteten Adern (q = 1,5 mm²) ergibt sich eine Strombelastbarkeit:

$\underline{\underline{I_r = 21\ \text{A}}}$

Fall b)
Installation in wärmegedämmter Wand:

Verlegeart A2
Strombelastbarkeit bei q = 1,5 mm²:

$\underline{\underline{I_r = 16{,}5\ \text{A}}}$

Wie ist das Überstrom-Schutzorgan zu bemessen?

Ausgehend von den ermittelten Werten der Strombelastbarkeit lässt sich die **Bemessungsstromstärke** des vorgeschalteten Überstrom-Schutzorgans bestimmen (vgl. Kap 2.1.3). Die Bemessungsstromstärke I_N muss bei Leitungsschutz-Schaltern gleich oder kleiner dem ermittelten Wert von I_r sein.

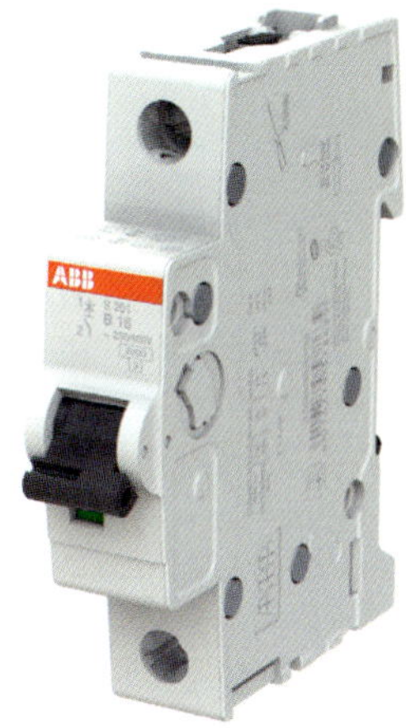

Bild: ABB

Wenn wir eine einzelne Leitung mit maximal drei belasteten Adern bei einer Umgebungstemperatur von 25 °C betrachten, entspricht I_r der tatsächlichen Strombelastbarkeit I_Z. Für diesen Fall wird I_N nach folgender Beziehung ermittelt.

$$I_N \leq I_Z$$

Für die Bemessungsstromstärken der Überstrom-Schutzorgane aus unserem Beispiel bedeutet das:

Fall a) $\underline{\underline{I_N = 20\ \text{A}}}$ Fall b) $\underline{\underline{I_N = 16\ \text{A}}}$

In der Praxis kommt es häufig vor, dass die in der Tabelle der Verlegearten (vgl. S. 64) zugrundegelegten Bedingungen nicht eingehalten werden. Daher muss der Wert I_r korrigiert werden (vgl. S. 65). Dies ist der Fall, wenn

- mehrere Leitungen mit
- mehr als drei belasteten Adern
- bei einer veränderten Umgebungstemperatur

verlegt werden.

Bei der Planung einer Hausinstallation sollte darauf geachtet werden, den Leiterquerschnitt so zu dimensionieren, dass er auch bei späteren Nachinstallationen die Bedingungen der Strombelastbarkeit noch erfüllt. Dies gilt z. B. für Zuleitungen zu Räumen, die erst später ausgebaut werden (z. B. Dachgeschoss).

- Die Strombelastbarkeit einer Leitung ist von der Verlegeart, der Anzahl der belasteten Adern und der Umgebungstemperatur abhängig.
- Die Bemessungsstromstärke der vorgeschalteten Schutzeinrichtung muss kleiner oder gleich der ermittelten Strombelastbarkeit sein.
- Der Wert der Strombelastbarkeit muss bei veränderten Umgebungsbedingungen korrigiert werden.

	Verlegearten für feste Verlegung in Gebäuden und in Luft													
	A1		A2		B1		B2		C		D		E	
	Betriebstemperatur am Leiter 70 °C (PVC) Umgebungstemperatur 30 °C [1]													
Erklärung	Verlegung in wärmegedämmten Wänden Aderleitung in Elektroinstallationsrohr in einer wärmegedämmten Wand		Verlegung in Elektroinstallationsrohren (ER), -kanal (EK) oder Unterflurkanal (UK) in einer wärmegedämmten Wand		Verlegung auf der Wand oder direkt in der Wand bzw. im Beton Aderleitung im ER oder EK [2] auf der Wand oder im Beton		Verlegung in der Luft Mehradrige Leitung oder Kabel im ER auf der Wand		Ein- oder mehradrige Leitung oder Kabel		Verlegung im Erdboden Mehradriges Kabel im ER oder Kabelschacht		Mehradrige Leitung oder Kabel mit einem Mindestabstand zur Wand von 0,3 x d [3]	
Beispiel	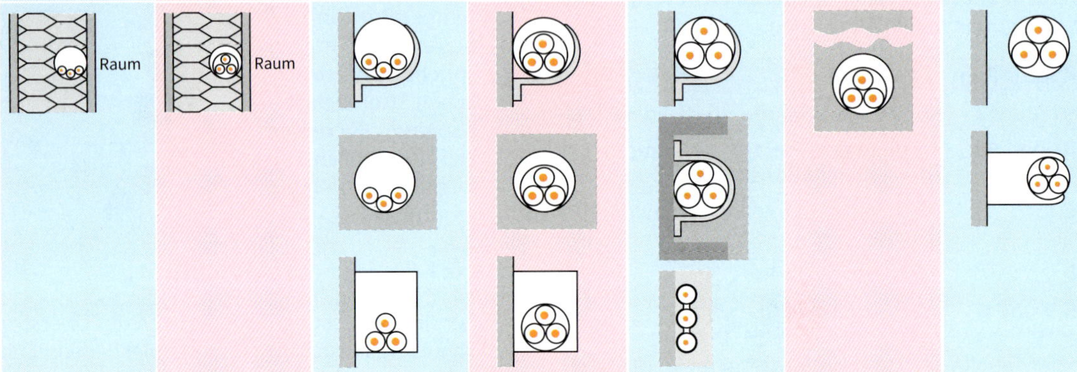													
	Zahl der belasteten Adern													
q in mm²	2	3	2	3	2	3	2	3	2	3	2	3	2	3
	Strombelastbarkeit I_r in A [4]													
1,5	15,5	13,5	15,5	13,0	17,5	15,5	16,5	15,0	19,5	17,5	22	18	22	18,5
2,5	19,5	18	18,5	17,5	24	21	23	20	27	24	29	24	30	25
4	26	24	25	23	32	28	30	27	36	32	37	30	40	34
6	34	31	32	29	41	36	38	34	46	41	46	38	51	43
10	46	42	43	39	57	50	52	46	63	57	60	50	70	60
16	61	56	57	52	76	68	69	62	85	76	78	64	94	80
25	80	73	75	68	101	89	90	80	112	96	99	82	119	101
35	99	89	92	83	125	110	111	99	138	119	119	98	148	126
50	119	108	110	99	151	134	133	118	168	144	140	116	180	153
70	151	136	139	125	192	171	168	149	213	184	173	143	232	196

[1] Für die Verlegung im Erdboden (Referenzverlegeart D) gilt eine Umgebungstemperatur von 20 °C.
[2] ER (Elektroinstallationsrohr); EK (Elektroinstallationskanal); UK (Unterflurkanal)
[3] Durchmesser der Leitung
[4] Bemessungsstromstärken I_N in A: 2, 4, 6, 10, 16, 20, 25, 35, 50, 63, 80, 100 (Schmelzsicherungen)
6, 10, 13, 16, 20, 25, 32, 40, 50 (Leitungsschutz-Schalter Charakteristik B)

1: Strombelastbarkeit von Kabel und Leitungen für feste Verlegung in Gebäuden nach DIN VDE 0298-4

Aufgaben

1. Mit welcher Stromstärke darf eine NYM-Leitung (unter Putz verlegt) mit drei belasteten Adern und einem Querschnitt von 2,5 mm² belastet werden?

2. Die Hauptleitung (NYM) muss mit 63 A belastbar sein. Sie wird in einem Elektro-Installationsrohr auf der Wand verlegt.
Welchen Mindestquerschnitt muss die Leitung haben?

3. Eine NYM-Leitung soll als Zuleitung für eine Waschmaschine (U = 230 V/5 kW) unter Putz verlegt werden.
Welchen Querschnitt muss die Leitung haben?

4. Ordnen Sie zu jeder Verlegeart ein Beispiel aus der Praxis zu!

5. Eine Leitung wird in einem Rohr im Mauerwerk installiert.
Welcher Verlegeart ist diese Leitung zuzuordnen?

Leitungsverlegung bei besonderen Umgebungsbedingungen

In der Praxis werden Leitungen unter Umgebungsbedingungen installiert, die zusätzlich für eine Erwärmung sorgen. Zu diesen Bedingungen zählen Installationen

- bei erhöhter Umgebungstemperatur,
- mit gebündelter Leitungsverlegung,
- bei vieladriger Leitungsverlegung oder
- mit einem Oberschwingungsanteil.

Dadurch wird die Strombelastbarkeit I_r aus der Tabelle der Verlegearten bei 30 °C zusätzlich verringert (vgl. DIN VDE 0298-4). Wie stark sich die Veränderungen der Leitungsverlegung auf die Belastbarkeit der Leiter auswirken, wird durch die Faktoren f_1, f_2, f_3 und f_4 angegeben. Wie groß die Strombelastbarkeit tatsächlich ist, wird durch die Multiplikation mit den Einzelfaktoren ermittelt.

$$I_Z = f_1 \cdot f_2 \cdot f_3 \cdot f_4 \cdot I_r$$

f_1: Faktor für veränderte Umgebungstemperatur
f_2: Faktor für gehäufte Leitungsverlegung
f_3: Faktor bei Verlegung vieladriger Leitung
f_4: Faktor für die Auswirkung von Oberschwingungen

Erhöhte Umgebungstemperatur (Faktor f_1)

ϑ in °C	10	15	20	25	30	35
f_1	1,22	1,17	1,12	1,06	1,0	0,94 ①
ϑ in °C	40	45	50	55	60	
f_1	0,87	0,79	0,71	0,61	0,50	

Gehäufte Leitungsverlegung (Faktor f_2)

Verlegung	Anzahl der mehradrigen Leitungen mit zwei oder drei belasteten Leitern					
	1	2	3	4	6	9
gebündelt in Elektroinstallationsrohr/-kanal oder direkt auf oder in der Wand 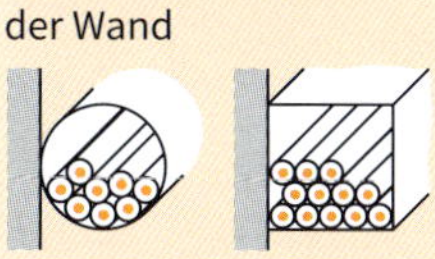	1,0	0,8	② 0,7	0,65	0,57	0,5
Einlagig auf die Wand oder dem Fußboden mit Berührung 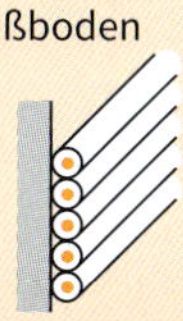	1,0	0,85	0,79	0,75	0,72	0,7
in gelochter Kabelwanne mit Berührung 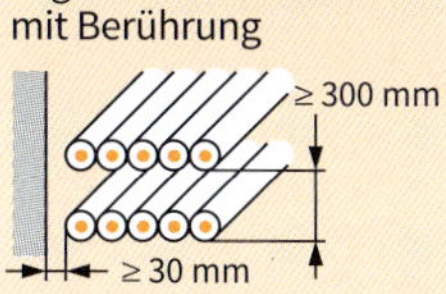	1,0	0,88	0,82	0,79	0,76	0,73

Vieladrige Verlegung in Luft bis $q = 10\ mm^2$ (Faktor f_3)

belastete Leiter	5	7	10	14	19	24	40
f_3	0,75	0,65	0,55	0,5	0,45	0,4	0,35

Auswirkung von Oberschwingungen (Faktor f_4)

Anteil der Leistung[1] in %	0 % … 15 %	… 25 %	… 35 %	… 45 %	… 55 %	… 65 %	… 75 %	> 75 %
f_4	1,00	0,95 ③	0,90	0,85	0,80	0,75	0,70	0,65

[1] Die Leistung entspricht der Summe der Leistung aller Oberschwingungen erzeugenden Verbraucher (z. B. Computer, Netzteile, Frequenzumrichter), bezogen auf die Gesamtleistung aller Verbraucher.

Tatsächliche Strombelastbarkeit

In einer wärmegedämmten Holzwand werden drei Mantelleitungen (jeweils zwei belastete Leiter) mit einem Leiterquerschnitt von 2,5 mm² gebündelt verlegt. Die Umgebungstemperatur beträgt 35 °C. Der Leistungsanteil der Verbraucher mit Oberschwingungen beträgt 17 %.

Ges.: I_Z

Verlegeart: A2

$I_r = 18{,}5\ A$ (aus Tabelle S. 64 ermittelt)

$f_1 = 0{,}94$ ① $\quad f_3 = 1$

$f_2 = 0{,}7$ ② $\quad f_4 = 0{,}95$ ③

$I_Z = f_1 \cdot f_2 \cdot f_3 \cdot f_4 \cdot I_r$

$I_Z = 0{,}94 \cdot 0{,}7 \cdot 1 \cdot 0{,}95 \cdot 18{,}5\ A$

$\underline{\underline{I_Z = 11{,}56\ A}} \quad \Rightarrow \quad \underline{\underline{I_N = 10\ A}}$

Die Strombelastbarkeit der Leitungen ist gegenüber dem abgelesenen Wert um 37,5 % gesunken.

- Die Strombelastbarkeit verringert sich durch gebündelte Verlegung, vieladrig belasteter Leitungen und eine erhöhte Umgebungstemperatur.

Aufgaben

1. Durch welche Einflüsse kann bei der Installation die Belastbarkeit einer Leitung herabgesetzt werden?

2. Wie groß ist die Strombelastbarkeit von sechs Mantelleitungen mit einem Leiterquerschnitt von 2,5 mm², die nebeneinander auf der Wand installiert werden?

3. Die laut Verlegeart B2 ermittelte Strombelastbarkeit einer Leitung ($q = 2{,}5\ mm^2$) beträgt $I_r = 23\ A$. Wie groß ist I_Z bei einer Temperatur von 40 °C und fünf belasteten Leitern?

2.2.4 Spannungsfall

Aus den Grundlagen ist bekannt, dass jeder Leiter einen Widerstand besitzt. Dadurch ergibt sich auf jeder Leitung ein Spannungsfall, sodass die Spannung am Verbraucher verringert wird. Die Differenz zwischen Eingangsspannung U_1 und Ausgangsspannung U_2 lässt sich in Prozent $\Delta u\%$ ausdrücken.

$$\Delta u\% = \frac{U_1 - U_2}{U_1} \cdot 100\ \%$$

Vom VNB sind Grenzwerte für den maximal zulässigen Spannungsfall auf einer Leitung vorgeschrieben. Die Spannung darf am Leitungsende maximal um den vorgeschriebenen Prozentwert geringer sein als am Leitungsanfang.

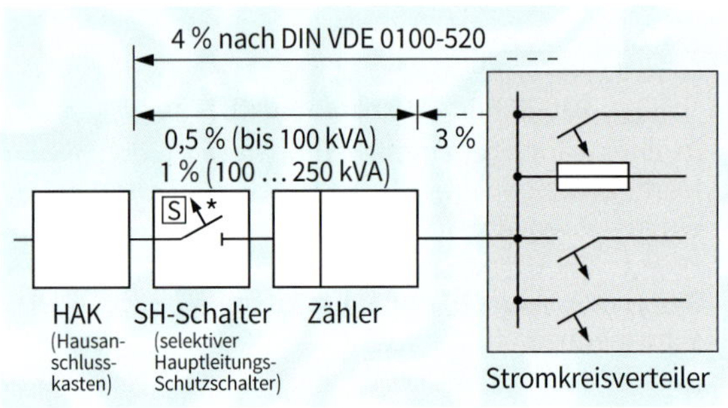

Spannungsfall im Wechselstromkreis

Im Wechselstromkreis ist der Verbraucher oft keine reine Wirklast sondern eine induktive Last. Zwischen Strom und Spannung tritt also eine Phasenverschiebung φ auf. Das muss bei der Berechnung des Spannungsfalls berücksichtigt werden. Die **maximale Leitungslänge** wird folgendermaßen errechnet:

$$\Delta U = U_1 - U_2$$

Für kleine Winkel φ gilt: $\Delta U \approx R_L \cdot I$

$$\Delta U = I \cdot R_2 \cdot \cos\varphi \qquad R_L = \frac{2 \cdot l \cdot \varrho}{q}$$

$$\Delta U = \frac{2 \cdot l \cdot \varrho \cdot I \cdot \cos\varphi}{q}$$

$$\Rightarrow l = \frac{\Delta U \cdot q}{2 \cdot \varrho \cdot I \cdot \cos\varphi}$$

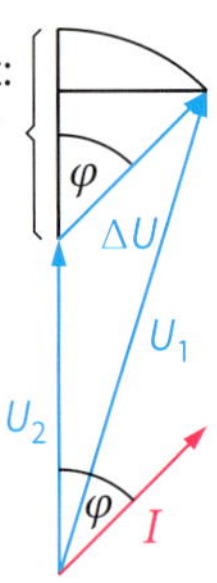

Die Länge l ist die maximale Leitungslänge, bei der der zugrundegelegte Spannungsfall nicht überschritten wird.

Für den **Drehstromkreis** muss bei der Berechnung der maximalen Leitungslänge der Verkettungsfaktor $\sqrt{3}$ berücksichtigt werden.

$$l = \frac{\Delta U \cdot q}{\sqrt{3} \cdot \varrho \cdot I \cdot \cos\varphi}$$

Mit Hilfe dieser Formeln kann aufgrund der Verlegeart und der daraus resultierenden Bemessungsstromstärke die maximale Leitungslänge errechnet werden.

Maximale Leitungslänge

Die Zuleitung zu einer Waschmaschine (Leitungslänge $l = 22$ m) wird als Mantelleitung NYM im Elektroinstallationsrohr verlegt. Die Anschlussleistung des Gerätes beträgt $P = 2800$ W bei $U = 230$ V. Wie groß ist der erforderliche Leiterquerschnitt?

$$P = U \cdot I \qquad I = \frac{P}{U} \qquad I = \frac{2800\ \text{W}}{230\ \text{V}} \qquad I = 12{,}17\ \text{A}$$

In Verlegeart B2 muss der Leiterquerschnitt für die Stromstärke $I = 12{,}17$ A mindestens $q = 1{,}5\ \text{mm}^2$ sein (Tabelle S. 64).

$\Rightarrow I_r = 16{,}5$ A

$\Rightarrow I_N = 16$ A (Bemessungsstromstärke der Sicherung)

Der zulässige Spannungsfall darf nicht mehr als 3 % betragen. Der absolute Spannungsfall berechnet sich demnach wie folgt:

$$\Delta U = U \cdot 3\ \% \qquad \Delta U = 230\ \text{V} \cdot 3\ \% \qquad \underline{\underline{\Delta U = 6{,}9\ \text{AV}}}$$

Zur Vereinfachung nehmen wir für den Leistungsfaktor $\cos\varphi = 1$ an:

$$l = \frac{\Delta U \cdot q}{2 \cdot \varrho \cdot I \cdot \cos\varphi}$$

$$l = \frac{6{,}9\ \text{V} \cdot \text{m} \cdot 1{,}5\ \text{mm}^2}{2 \cdot 0{,}0178\ \Omega\text{mm}^2 \cdot 16\ \text{A} \cdot 1} \qquad \underline{\underline{l = 18{,}17\ \text{m}}}$$

Die maximal zulässige Leitungslänge ist 18,17 m. Für die Installation sind jedoch 22 m erforderlich.

⇒ Damit der Spannungsfall den zulässigen Wert nicht überschreitet, muss der Leiterquerschnitt auf $q = 2{,}5\ \text{mm}^2$ erhöht werden.

Kontrolle der Leitungslänge mit dem veränderten Leiterquerschnitt $q = 2{,}5\ \text{mm}^2$:

$\Rightarrow I_r = 23$ A (vgl. Tabelle S. 64)

$\Rightarrow I_N = 20$ A (Bemessungsstromstärke der Sicherung)

⇒ Die neu errechnete, maximal zulässige Leitungslänge beträgt $l = 24{,}23$ m.

Übersteigt die tatsächliche Installationslänge die errechnete maximale Leitungslänge, muss der Leiterquerschnitt erhöht werden.

- Der maximale Spannungsfall im Anlagenteil hinter dem Zähler darf nicht größer als 3 % der Bemessungsspannung sein.
- Ist die tatsächliche Leitungslänge größer als die maximal zulässige Länge, muss der Leiterquerschnitt erhöht werden.

2.2.5 Abschaltbedingung

Die Abschaltbedingungen sind vom Verteilungssystem der Anlage abhängig. Am Beispiel des TN-Systems werden wir die Abschaltbedingungen erklären.

Damit in einem Fehlerfall eine rasche Abschaltung erfolgt, muss ein großer Abschaltstrom I_a fließen. Dieser Strom hängt von der Netzspannung U_0 und der Schleifenimpedanz Z_S der Leitung ab. Für die Schleifenwimpedanz gilt laut Kap. 1.9.3 die folgende Beziehung:

$$Z_S = \frac{U_0}{I_a}$$

Der Abschaltstrom I_a hängt vom Typ des Überstrom-Schutzorgans ab. Er wird den Herstellerangaben entnommen. Da der Strom I_a wie auch die Netzspannung U_0 festliegen, darf die Schleifenimpedanz einen bestimmten Grenzwert nicht überschreiten.

Beziehung zwischen Leitung und Schleifenimpedanz

Bei der Planung muss der Elektroinstallateur darauf achten, dass nur der höchst zulässige Leitungswiderstand vorhanden ist. Wir wissen, dass dieser nach folgender Formel berechnet wird:

$$R = \frac{l}{\varkappa \cdot q}$$

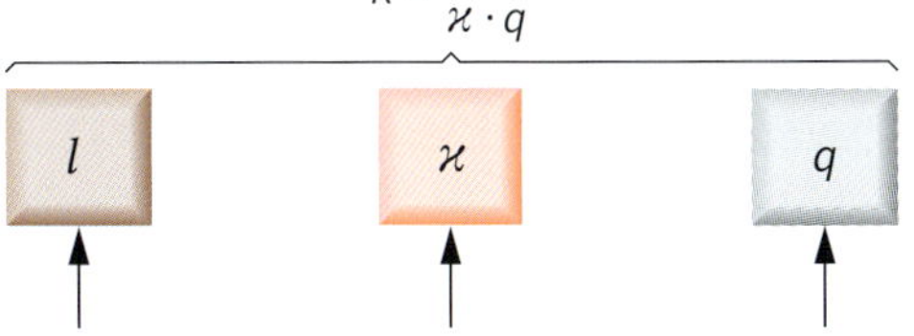

Die Länge wird durch den Leitungsweg bestimmt.	Das Leitermaterial (Kupfer) ist vorgegeben.	Der Leiterquerschnitt ist die **veränderbare** Größe.

Der Leiterquerschnitt q ist somit die veränderbare Größe, die den Schleifenimpedanz einer Leitung beeinflusst. Wenn der Wert für Z_S zu groß ist, und somit I_a zu klein wird, muss der Querschnitt q vergrößert werden.

$$q \uparrow \Rightarrow Z_S \downarrow \Rightarrow I_a \uparrow$$

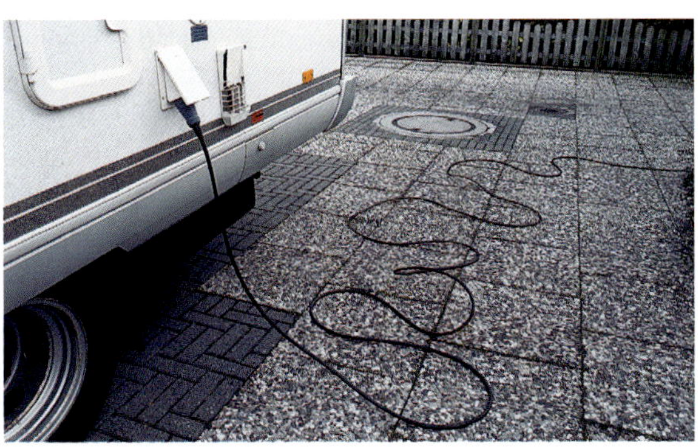

1: Campingwagen mit langer Anschlussleitung

Leitungsbestimmung

Am Beispiel der Zuleitung eines Drehstromanschlusses wollen wir nun die erforderlichen Leitungsdaten bestimmen. Die Leitung wird unter Putz verlegt und ist 25 m lang. Da die Leitung jedoch nicht vollständig im Putz verlegt wird, wählen wir eine massive Leitung aus Kupfer, z. B. NYM-Leitung.

Welche Bemessungsstromstärke ist für einen Drehstromanschluss (P = 13 kW, Verlegeart C) erforderlich?

Berechnung der Stromstärke:

$$P = \sqrt{3} \cdot U \cdot I \cdot \cos\varphi \qquad \cos\varphi = 1$$

$$I = \frac{P}{\sqrt{3} \cdot U \cdot \cos\varphi}; \quad I = \frac{13000\ \text{W}}{\sqrt{3} \cdot 400\ \text{V} \cdot 1}; \quad I = 18{,}76\ \text{A}$$

Ablesen der Strombelastbarkeit aus der Tabelle (S. 64):

Bei drei belasteten Adern (Drehstrom) ist bei dieser Stromstärke ein Mindestquerschnitt des Leiters von $q = 2{,}5\ \text{mm}^2$ erforderlich.

$\Rightarrow I_r = 24\ \text{A}$

Bestimmung der tatsächlichen Strombelastbarkeit I_Z:

Umgebungstemperatur 35 °C $\Rightarrow f_1 = 0{,}94$

Verlegung als separate Leitung $\Rightarrow f_2 = 1$

Durch die Drehstromversorgung besitzt die Leitung drei belastete Adern $\Rightarrow f_3 = 1$

Oberwellenanteil 0 % $\Rightarrow f_4 = 1$

$I_Z = f_1 \cdot f_2 \cdot f_3 \cdot f_4 \cdot I_r$

$I_Z = 0{,}94 \cdot 1 \cdot 1 \cdot 1 \cdot 24\ \text{A}$

$I_Z = 22{,}56\ \text{A} \Rightarrow I_N = 20\ \text{A}$ (Leitungsschutz-Schalter)

Überprüfung des maximal zulässigen Spannungsfalls ($\cos\varphi = 1$):

$$\Delta U = \frac{\sqrt{3} \cdot I \cdot l \cdot \varrho \cdot \cos\varphi}{q}$$

$$\Delta U = \frac{\sqrt{3} \cdot 20\ \text{A} \cdot 25\ \text{m} \cdot 0{,}0178\ \frac{\Omega\text{mm}^2}{\text{m}} \cdot 1}{2{,}5\ \text{mm}^2} \qquad \Delta U = 6{,}17\ \text{V}$$

Der maximale Spannungsfall wird nicht überschritten.

Der Abschaltstrom des Leitungsschutz-Schalters beträgt laut Herstellerangaben $I_a = 5 \cdot I_N$

$$Z_{smax} = \frac{U_0}{I_a} \qquad Z_{smax} = \frac{400\ \text{V}}{5 \cdot 20\ \text{A}} \qquad Z_{smax} = 4\ \Omega$$

Tatsächlicher Widerstand der Leiterschleife:

$$R_{Ltg} = \frac{2 \cdot \varrho \cdot l}{q} \qquad R_{Ltg} = \frac{2 \cdot 0{,}0178\ \frac{\Omega\text{mm}^2}{\text{m}} \cdot 25\ \text{m}}{2{,}5\ \text{mm}^2}$$

$R_{Ltg} = 0{,}356\ \Omega$

Die Abschaltbedingung ($R_{Ltg} \leq Z_{smax}$) wird erfüllt.

Die Leitung NYM 5 x 2,5 mm² erfüllt alle Bedingungen!

Querschnitt und Leitungslänge

q in mm² Cu	I_N in A	max. Leitungslänge in m bei Drehstrom $\Delta u\% = 0{,}5\,\%$	Drehstrom $\Delta u\% = 3\,\%$	Wechselstrom $\Delta u\% = 3\,\%$
1,5	10	57	76	28,5
	16	35	47	17,5
	20	28	38	14,0
2,5	16	58	77	29,0
	20	46	62	23,0
	25	37	49	18,5
4	16	94	126	47,0
	20	75	101	37,5
	25	60	81	30,0
	32	47	63	23,5
	40	37	50	18,5
6	20	114	152	57,0
	25	91	121	45,5
	32	71	95	35,5
	40	57	76	28,5
	50	45	60	22,5
10	25	153	204	76,5
	32	119	159	59,5
	40	95	127	47,5
	50	76	102	38,0
	63	60	81	30,0
16	40	151	201	75,5
	50	121	161	60,5
	63	96	128	48,0
	80	75	100	37,5

Laut Tabelle darf die Zuleitung zu einem Wechselstromverbraucher mit einem Querschnitt von 1,5 mm² bei einer Stromstärke von $I_N = 20$ A eine maximale Länge von 14,5 m haben. Ist die Länge nicht ausreichend, kann über eine vereinfachte Berechnung die Leitungslänge l_2 für einen veränderten Querschnitt q_2 bestimmt werden.

$$l_2 = l_1 \cdot \frac{q_2}{q_1}$$

Voraussetzung ist, dass sich alle anderen Bedingungen nicht ändern.

Veränderte Leitungslänge

Für einen Leiterquerschnitt $q_1 = 1{,}5$ mm² wurde eine maximale Leitungslänge $l_1 = 17{,}5$ m errechnet.
Wie groß ist die Leitungslänge für $q_2 = 2{,}5$ mm², wenn die übrigen Werte konstant bleiben?

$$l_2 = l_1 \cdot \frac{q_2}{q_1}$$

$$l_2 = 17{,}5\ \text{m} \cdot \frac{2{,}5\ \text{mm}^2}{1{,}5\ \text{mm}^2}$$

$$\underline{\underline{l_2 = 29{,}16\ \text{m}}}$$

Bestimmung des Leiterquerschnitts

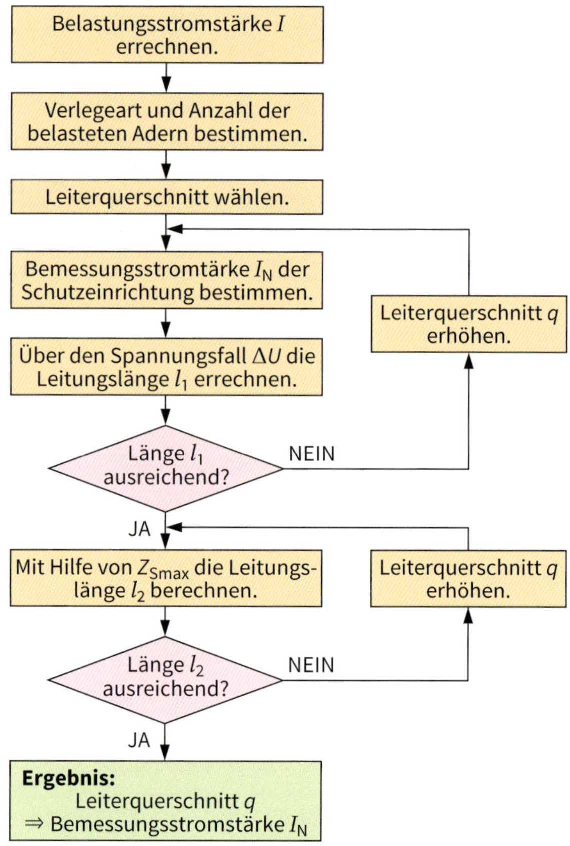

Aufgaben

1. Zu einem Durchlauferhitzer mit 21 kW wird eine Leitung NYM 5 x 4 mm² verlegt.
Wie groß darf die Leitungslänge maximal sein, wenn eine Schutzeinrichtung $I_N = 32$ A verwendet wird?

2. Berechnen Sie die Stromstärke einer 100 W-Lampe, die an der Spannung 230 V liegt!

3. Die Zuleitung zu einem Elektroherd ($U = 400/230$ V) ist 35 m lang. Der Leiterquerschnitt beträgt 2,5 mm².

a) Welche Bemessungsstromstärke darf das Überstrom-Schutzorgan maximal besitzen?

b) Welche Leistung darf das Gerät höchstens aufnehmen?

4. Die maximale Leitungslänge für einen Leiterquerschnitt $q = 25$ mm² wurde mit 46,3 m errechnet. Wie groß ist die Leitungslänge für einen Querschnitt von 16 mm², wenn die übrigen Werte konstant bleiben?

5. Welchen Wert darf die Spannung am Ende einer Hauptleitung nicht unterschreiten ($S = 70$ kVA; $U = 400$ V)?

2.2.6 Schutz in Kommunikationsanlagen

Bei der Verkabelung von Kommunikationsanlagen, z. B. in Datennetzwerken oder anwendungsneutralen Netzwerken zur Übertragung von Audio- oder Videosignalen, in Wohngebäuden und Industrieanlagen müssen zur Vermeidung von Störeinflüssen nach DIN EN 50174-2 besondere Anforderungen erfüllt werden. Dabei gilt ein besonderes Augenmerk der **Kabelauswahl** und **Kabelführung**.

Bei der Einführung von Kabeln aus entflammbaren Materialien in ein Gebäude müssen diese innerhalb von 2 m nach dem Durchtritt der äußeren Brandschottung (Wand, Decke usw.)

- fest angeschlossen werden oder
- innerhalb eines Kabelführungssystems (z. B. Kanal oder Rohr) installiert werden, das als Brandschottung zugelassen ist.

Die Kabel müssen für die Umgebungsbedingungen am Einsatzort geeignet sein, z. B. bei besonderer mechanischer Beanspruchung.

Was ist bei der Kabelführung zu beachten?

Bei der Installation in Gebäuden müssen besondere Vorsichtsmaßnahmen überall dort getroffen werden, wo informationstechnische Netze gemeinsam mit Stromversorgungssystemen verlaufen.

Die **Kabelwege müssen**

- die installierten Kabel schützen,
- vom Platzbedarf so ausgelegt werden, dass die Reserve für Erweiterung des Kabelsystems von mindestens 50 % vorhanden ist,
- ausreichend Platz für Kabelreserven und die Einhaltung der Biegeradien r bieten (Richtwerte: symmetrische Kupferkabel $r \geq 8 \cdot d$; Lichtwellenleiter bzw. Koaxialkabel $r \geq 10 \cdot d$),
- z. B. für Instandhaltung und Erweiterungen zugänglich sein und
- den Mindestabstand zwischen Kommunikationskabeln und Stromversorgungssystemen einhalten.

Bei Stapelung der Kabel in einem Kabelweg mit geschlossener Auflagefläche (Kabelrinne Abb. 1 ①) darf die zulässige Stapelhöhe von 150 mm nicht überschritten werden. Bei der Verwendung von Sammelhaltern (Abb. 1 ②) darf der Abstand zwischen den Auflagepunkten nicht größer als 1,5 m betragen. Die Stapelhöhe h ist abhängig vom Abstand l zwischen den Auflagepunkten.

Sie berechnet sich nach folgender zugeschnittener Größengleichung:

$$h = \frac{150}{(1 + l \cdot 0{,}0007)} \qquad h, l \text{ in mm}$$

1: Kabelführungssysteme

Bestimmung des Mindestabstandes

Zur Vermeidung von elektromagnetischen Einflüssen muss zwischen Kommunikationskabelanlagen und Stromversorgungssystemen ein Mindestabstand eingehalten werden. Der Abstand A ist abhängig von

- der Trennklasse, die durch das Datenkabel ③ bestimmt wird,
- dem eingesetzten Kabelführungssystem ④ und
- einem Faktor, der sich aus dem gemeinsam geführten Stromversorgungssystem ⑤ bestimmt.

Beispiel:

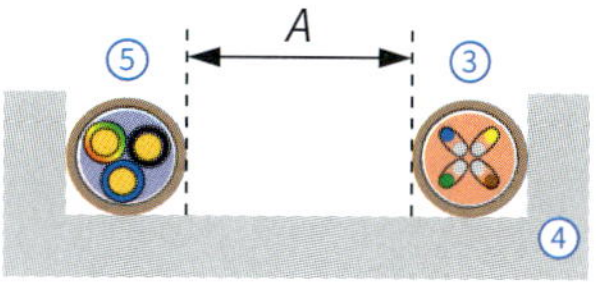

Zusätzliche Vorkehrungen zum **Schutz vor EMV-Einflüssen** lassen sich durch folgende Maßnahmen erreichen:

- Verwendung geschirmter Kabel und Leitungen
- Installation eines gemeinsamen durchgängigen Schutzpotenzialausgleichs für sämtliche metallene Anlagenteile (Kabelwege, Kabelschirmung, Schränke usw.)
- vollflächige Verbindung des Schirms mit dem Schutzpotenzialausgleich an beiden Kabelenden
- Verlegesysteme an beiden Enden mit dem Schutzpotenzialausgleich bzw. an den Stoßstellen miteinander verbinden
- Verwendung von metallenen Kabelverlegesystemen mit hohen Seitenwänden
- parallel geführte metallene Verlegesysteme in einem Abstand von 10 m bis maximal 20 m verbinden

- Bei der Planung der Kabelwege müssen Mindestabstände zwischen Kommunikationskabeln und Stromversorgungssystemen eingehalten werden.
- Ein gemeinsamer Schutzpotenzialausgleich in Verbindung mit einer Kabelschirmung und metallenen Kabelführungssystemen verhindert störende EMV-Einflüsse.

2.3 Installation in Räumen

2.3.1 Installationszonen

Alle unsichtbar verlegten Leitungen müssen im Raum so geführt werden, dass sie durch später angebrachte Nägel oder Schrauben nicht beschädigt werden. Zu den unsichtbaren Leitungsinstallationen zählen Leitungen in bzw. unter Putz, in der Wand oder hinter einer Wandverkleidung. Aus diesem Grund werden diese Leitungen nur in vorgegebenen **waagerechten** und **senkrechten Zonen** installiert (vgl. DIN 18015-3). Die Leitungsführung an Decken und Fußböden ist nicht fest vorgeschrieben. Jedoch sollte auch hier davon abgesehen werden, die Leitungen auf dem kürzesten Weg zu führen. Aufputz-Installationen sind auch außerhalb der beschriebenen Bereiche möglich.

Die Installationszonen in Gebäuden sind abhängig von der Nutzung des Raumes. In Bädern und Küchen gelten andere Vorschriften für die Leitungsführung als in den übrigen Räumen.

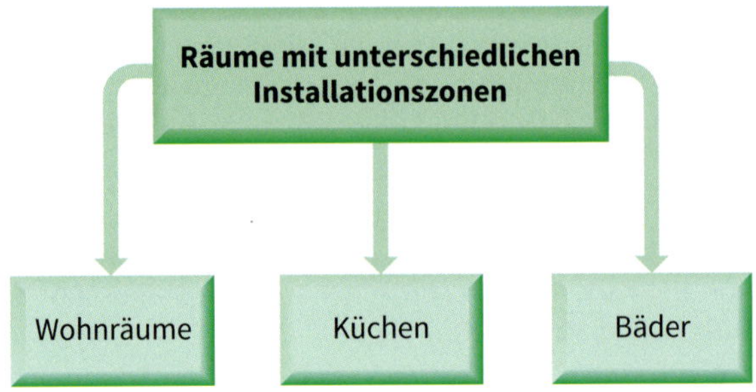

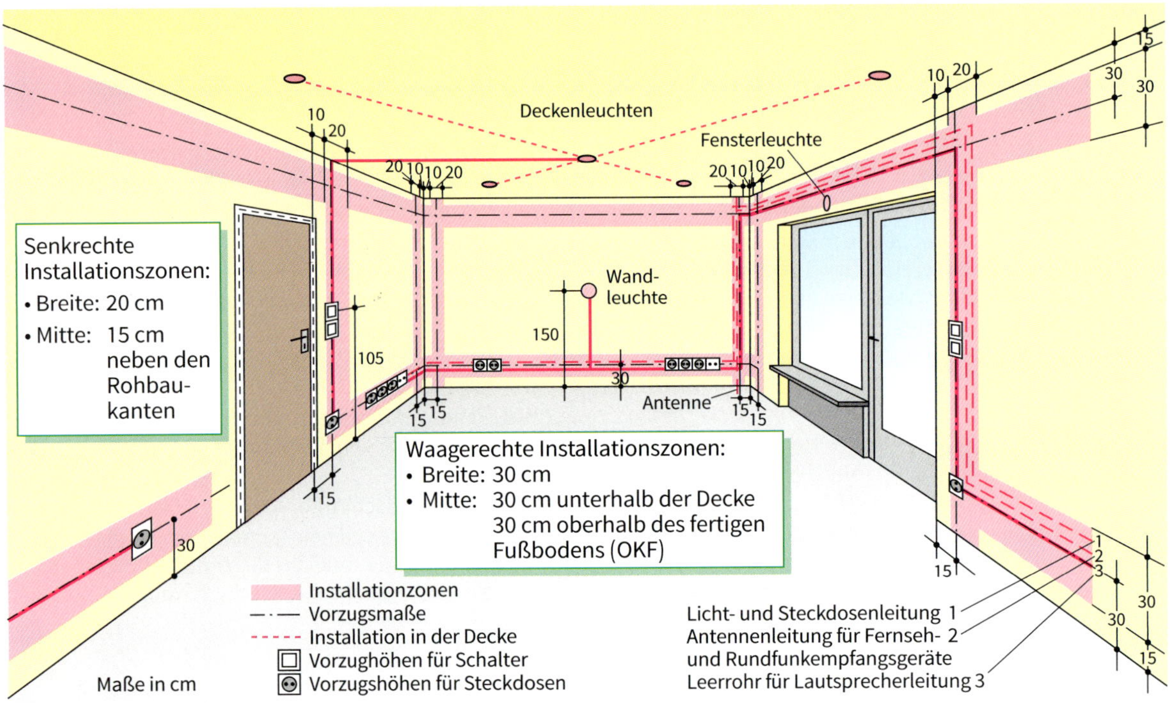

1: Installationszonen in Wohnräumen

Installationshinweise:

- Alle angegebenen Maße gelten ab der Oberkante des fertigen Fußbodens (OKF). Im Rohbau gilt als Anhaltspunkt für die OKF der so genannte „Meterriss“. Er gibt die Höhe in einem Meter über dem OKF an.
- Beim Einführen der Leitungen in die Gerätedosen ist darauf zu achten, dass die Krallen der Steckdosen beim Montieren die Leitungen nicht beschädigen.
- Zwischen Energie- und Fernmeldeleitungen ist ein Schutzabstand von 10 mm einzuhalten.
- Die Verlegung von Leitungen an Schornsteinen ist wegen erhöhter Umgebungstemperaturen zu vermeiden.

- Die Montagehöhe von Schaltern beträgt 105 cm von der Mitte des oberen Schalters zur OKF.
- Zur späteren Leitungssuche, ist unbedingt auf die Einhaltung der Installationszonen zu achten.
- Die Schalter an einer Tür werden an der Seite installiert, an der der Türgriff montiert ist.
- Die Steckdosen sind in der unteren waagerechten Installationszone in 30 cm Höhe anzuordnen.
- Zuleitungen zu Wandleuchten werden senkrecht aus einer waagerechten Installationszone geführt.

2.3.2 Installationsarten

Da in einem Gebäude häufig verschiedene Baustoffe in unterschiedlichen Konstruktionen verbaut werden, müssen für die Leitungsverlegung die entsprechenden Befestigungsmaterialien verwendet werden.

Installationsmethoden

- Unterputz-/Imputz-Installation
- Aufputz-Installation
- Hohlwand-Installation
- Beton-Installation
- Rohr-Installation
- Kanalsystem-Installation

Unterputz/Imputz-Installation

Bei der Unterputz-Installation werden die Leitungen im Mauerwerk (Abb. 2) oder bei der Imputz-Installation auf das Mauerwerk verlegt. Diese Arten der Leitungsverlegung sind in Wohnräumen üblich. Durch die Anordnung der Steckdosen und Schalter ist auch später die ungefähre Lage der Leitungen noch zu erkennen. Leitungen dürfen niemals diagonal verlegt werden. Durch zusätzliches Fotografieren der installierten Wände vor dem Verputzen lässt sich die genaue Lage der Leitungen dokumentieren.

Bei der Verlegung von **Installationsleitungen** ist darauf zu achten, dass

- die Installationszonen eingehalten werden,
- eine vorhandene luftdichte Gebäudehülle durch die Elektroinstallation nicht beschädigt wird und
- ein ausreichender Abstand zu benachbarten Installationen (Versorgungsleitungen) besteht.

2: Unterputz-Installation

Verwendete Leitungen: Mantelleitung NYM

Aufputz-Installation (a. P.)

Sie wird dort angewendet, wo der Anblick der Leitungen unerheblich ist (z. B. Kellerräume und Garagen). Bei dieser Installationsart werden Mantelleitungen verwendet. Der Vorteil liegt darin, dass die Leitungsführung stets sichtbar ist (Abb. 3). Kennzeichen: A

3: Aufputz-Installation mit Elektroinstallationsrohr

Hohlwand-Installation

In einer Rahmenkonstruktion aus Holz oder Metall, die mit Gipskarton oder ähnlichem Material abgedeckt ist, dürfen nur Geräte- bzw. Verbindungsdosen nach DIN VDE 0606-1 verwendet werden (Abb. 4). Die Geräte tragen das Kennzeichen H.

4: Querschnitt durch eine Hohlwand-Installation

Hinweise für die Installation

- Die Leitungen müssen an den Dosen zugentlastet sein ①.
- Der Durchmesser des Dosenbohrers muss mit dem Durchmesser der Hohlwanddose exakt übereinstimmen.
- Zur Befestigung der Steckdosen und Schalter dürfen kein Krallen verwendet werden.
- Bei Energiesparhäusern ist auf den Einsatz von winddichten Installationsdosen zu achten.

- In Energiespargebäuden ist im Bereich der Außenwände auf den Einsatz von winddichten Gerätedosen zu achten.

Beton-Installation

Diese Installationsart wird häufig bei der Leitungsverlegung in Decken bzw. Wänden aus Beton verwendet.
Dazu werden
- Rohre mit Zugdrähten,
- in der Schalung verlegt und
- mit Beton eingegossen.

Kennzeichen: (B)

1: Schalungsquerschnitt einer Beton-Installation

Durch spezielle Gerätedosen und Verbindungselemente lassen sich Schalter, Steckdosen, Verteiler und Leitungsauslässe bereits vor dem Vergießen mit Beton in der Schalung installieren (Abb. 1). Diese Methode erfordert allerdings sehr exaktes Arbeiten, da die Lage der Dosen und Rohrverbindungen später nicht mehr korrigierbar ist.

Außerdem darf der Beton während des Gießens nicht durch undichte Stellen in die Gerätedosen usw. eindringen. Als Rohrverbindungen in Stampf- oder Schüttbeton sind Elektroinstallationsrohre der Bauart "AS" (für schwere Druckbeanspruchung) vorgeschrieben.

Rohr-Installation

Hierbei werden zunächst Installationsrohre in vorher gefräste Schlitze verlegt. Nach den Putzarbeiten werden dann einadrige Leitungen (H 07V-U) oder Mantelleitungen (NYM) eingezogen. Das Einziehen der Leitungen wird erleichtert, wenn die Rohre vorher mit sogenannten Zugdrähten versehen werden und die Biegungen der Rohre weiträumig sind. Somit lassen sich nachträglich zusätzliche Leitungen einziehen, z. B. bei Antennen- oder Fernmeldeanlagen (Abb. 2).

2: Rohr-Installation einer Antennenanlage

Kanalsystem-Installation

In Bürogebäuden hat sich diese Installationsart sehr bewährt. Dabei wird das Kanalsystem (Abb. 3) direkt auf der Rohdecke befestigt. Später lassen sich durch die Kanäle die erforderlichen Leitungen ziehen. In den Bodendosen befinden sich die Betriebsmittel (z. B. Steckdosen usw.).

Hinweis für die Installation

- Zug- und Bodendosen des Kanalsystems müssen mit einem Nivellierinstrument in der Höhe so ausgerichtet werden, dass die Deckel mit dem späteren Fußboden abschließen. Kennzeichen: (K)

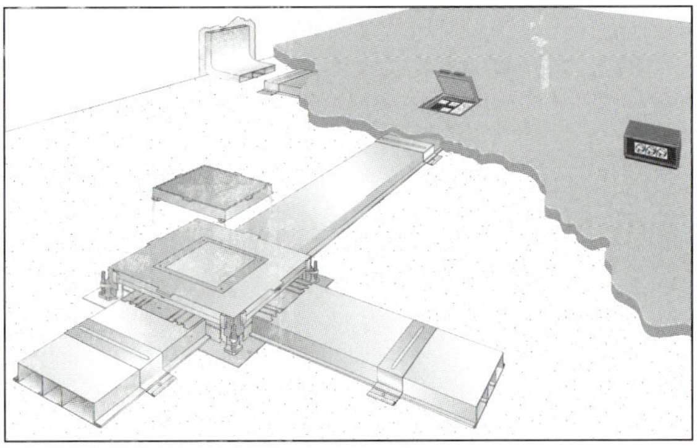

3: Kanalsystem einer Fußbodeninstallation

- Für die Installation dürfen nur solche Dosen und Leitungen verwendet werden, die für die Installationsart zugelassen sind (Kennzeichnung beachten).
- Die Betriebsmittel müssen exakt ausgerichtet werden, da spätere Korrekturen nur schwer möglich sind.

Aufgaben

1. Was ist bei der Installation einer Gerätedose in Beton zu beachten?

2. Welche Vorteile hat die Kanalinstallation gegenüber den übrigen Installationsarten?
Was ist bei der Montage der Kanäle zu beachten?

2.3.3 Installation im Bad

In einem Bad bestehen im Bereich der Badewanne bzw. der Dusche besondere Gefahrenzonen. Durch die Feuchtigkeit der Haut und die gute Verbindung zum Erdpotenzial über das Wasserrohrsystem wird der Widerstand der Fehlerschleife (vgl. Kap. 1.9.3) verringert. So können bereits kleine Berührungsspannungen einen gefährlichen Körperstrom auslösen. Aus diesem Grund sind in Bädern mit Badewannen oder Duschen Schutzbereiche vereinbart worden (vgl. DIN VDE 0100-701). Je nach Schutzbereich werden unterschiedliche Anforderungen an die Elektroinstallation gestellt.

Schutzbereich 0

Es dürfen nur solche Betriebsmittel ortsfest installiert werden, die für den Einsatz in einer Dusch- oder Badewanne geeignet sind, z. B. Beleuchtungen ($U_N \leq 12$ V AC oder $U_N \leq 30$ V DC).
Schutzart der Betriebsmittel: IPX7

Schutzbereich 1

Dort dürfen nur ortsfeste Verbrauchsmittel, z. B. Wasserwärmer und Handtuchtrockner, installiert werden, die nach Herstellerangaben für diesen Schutzbereich geeignet sind. Erlaubt sind darüber hinaus auch Betriebsmittel, die durch Kleinspannung ($U_N \leq 25$ V AC oder $U_N \leq 60$ V DC) geschützt sind. Die Leitungen müssen senkrecht zu den Betriebsmitteln geführt werden.
Schutzart der Betriebsmittel: IPX4

Schutzbereich 2

Hier dürfen Betriebsmittel verwendet werden, die mit SELV bzw. PELV (z. B. für Betriebsmittel der Kommunikationstechnik) betrieben werden. Erlaubt sind Rasiersteckdosen-Einheiten nach DIN EN 61588-2-5. Dabei handelt es sich um Steckdosen, die durch Schutztrennung geschützt werden. Schutzart der Betriebsmittel: IPX4

In Räumen mit einer Badewanne bzw. Dusche müssen Kabel und Leitungen zu elektrischen Verbrauchern im Schutzbereich 1 (z. B. Wassererwärmer) senkrecht von oben geführt werden, wenn dieser über der Bade- oder Duschwanne fest montiert ist.

Bei der Verlegung von Leitungen auf der Rückseite der angrenzenden Wände zu den Schutzbereichen 1 und 2 soll nach der Installation der Beriebsmittel (z. B. Steckdosen) im Nachbarraum eine Restwandstärke von 6 cm zur Wandoberfläche des Bades erhalten bleiben.

Die Energieversorgung der Stromkreise erfolgt über

- eine RCD mit einer Bemessungsdifferenzstromstärke $I_{\Delta N} \leq 30$ mA,
- Sicherheitskleinspannung oder
- einzeln über einen Trenntransfomator.

Bei einem Ausstattungswert 2 nach HEA/RAL sind folgende **elektrische Anschlüsse** notwendig:

- ein Deckenauslass für Allgemeinbeleuchtung,
- zwei Wandauslässe für die Spiegelbeleuchtung,
- vier Steckdosen sowie
- Waschmachinen- und Trockneranschluss falls erforderlich.

- Die Restwandstärke der abgrenzenden Wände zum Schutzbereich 1 und 2 und der auf der Rückseite installierten Betriebsmittel sollte 6 cm betragen.
- Die Stromkreise innerhalb des Bades werden über eine RCD ($I_{\Delta N} \leq 30$ mA) angeschlossen.

Schutzbereich 0

Innere der Bade- bzw. Duschwanne. Wenn in einer Dusche keine Wanne vorhanden ist, entfällt dieser Bereich.

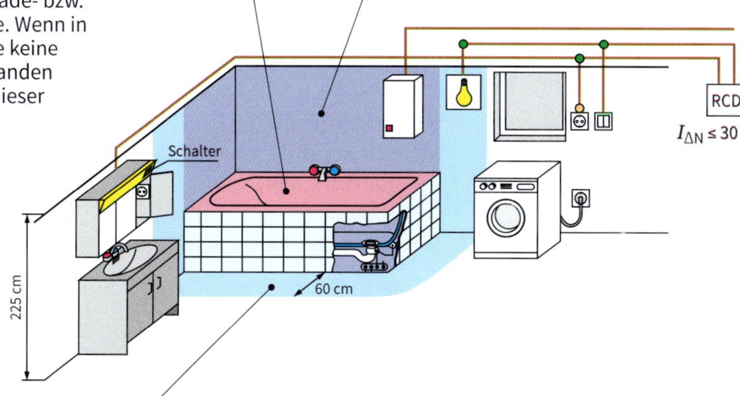

Schutzbereich 1

Äußere senkrechte Fläche um die Bade- bzw. Duschwanne (Höhe: 2,25 m bzw. Höhe des höchsten darüber liegenden fest angebrachten Wasserauslasses).
Falls keine Duschwanne vorhanden ist, gilt als äußere Abgrenzung ein Abstand von 1,2 m um den Brausekopf herum.

Schutzbereich 2

Senkrechte Fläche des Schutzbereiches 1 und der dazu parallelen Fläche im Abstand von 0,6 m. Höhenbegrenzung: 2,25 m bzw. Höhe des höchsten darüber liegenden fest angebrachten Wasserauslasses.

Zusätzlicher Schutz vor gefährlichen Körperströmen

In Gebäuden, in denen ein Schutzpotenzialausgleich über die Haupterdungsschiene nicht durchgeführt ist, müssen innerhalb und außerhalb der Schutzbereiche fremde leitfähige Teile in den **zusätzlichen Schutzpotenzialausgleich** einbezogen werden (vgl. Kap. 1.9.7). Dadurch wird verhindert, dass sich aus anderen Gebäudeteilen eine Spannung über das metallene Rohrsystem einschleppt, die einen gefährlichen Körperstrom zur Folge haben kann. Diese Spannungsverschleppung ist auch dann möglich, wenn in Räumen mit einer Badewanne bzw. Dusche keine elektrischen Einrichtungen vorhanden sind.

In den örtlichen Schutzpotenzialausgleich im Bad werden folgende Teile einbezogen:
- Brauchwasserversorgung
- Abwasserentsorgung
- Heizungssysteme
- Gasversorgung
- Klimaanlagen

Ausnahmen:
- metallene Türzargen
- Fensterrahmen aus Metall
- metallene Abflussabdeckungen im Boden.

Wie wird der örtliche Schutzpotenzialausgleich hergestellt?

In der Praxis werden leitfähige Teile und Rohrsysteme im Bad mit dem Schutzpotenzialausgleichsleiter ohne Unterbrechung (d.h. durchgeschleift) verbunden (Abb. 1).

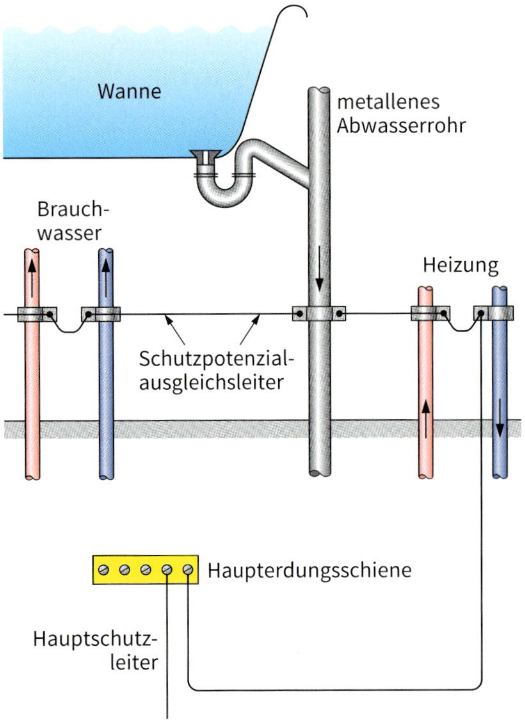

1: Örtlicher Schutzpotenzialausgleich

Die Verbindung zwischen dem zusätzlichen Schutzpotenzialausgleich und dem Schutzleiter kann, in Abhängigkeit von der kürzesten Verbindung, auf unterschiedliche Weise erfolgen und zwar durch
- einen Verteiler (z. B. Stromkreisverteiler) oder
- die Haupterdungsschiene.

Der zusätzliche Schutzpotenzialausgleich kann innerhalb oder außerhalb des Bades installiert werden. Üblicherweise wird er dort eingerichtet, wo die fremden leitfähigen Teile in den Raum führen. Für kunststoffummantelte Metallrohre wird kein zusätzlicher Schutzpotenzialausgleich gefordert, wenn die Rohre
- im Raum nicht berührt werden können und
- nicht mit anderen berührbaren leitfähigen Teilen verbunden sind, die nicht in den Schutzpotenzialausgleich einbezogen sind.

Leiterquerschnitt des Schutzpotenzialausgleichsleiters innerhalb des Bades

Der Querschnitt der Schutzpotenzialausgleichsleiter im Bad muss bei geschützter Verlegung mindestens 2,5 mm^2 betragen, bei ungeschützter Verlegung 4 mm^2.

- Durch den örtlichen Schutzpotenzialausgleich in einem Bad werden Spannungsverschleppungen aus anderen Gebäudeteilen verhindert.
- Der Schutzpotenzialausgleichsleiter wird mit dem Schutzleiter verbunden.
- Der Leiterquerschnitt beträgt bei geschützter Verlegung mindestens 2,5 mm^2 Kupfer.

Aufgaben

1. Durch welche Maße sind in einem Wohnraum die senkrechten und waagerechten Installationszonen festgelegt?

2. Erstellen Sie eine Übersichtstabelle, die die Größe der drei Schutzbereiche im Bad, sowie die darin erlaubten Elektroinstallationen zeigt!

3. In einer Dusche ist keine Duschwanne vorhanden. Welche äußere Abgrenzung gilt dann für den Schutzbereich 2?

4. Was müssen Sie beachten, wenn Sie an der rückwärtigen Wand zum Schutzbereich 1 eine Steckdose installieren sollen?

5. Dürfen Sie die Zuleitung zu der Steckdose aus Aufgabe 4 durch den Schutzbereich 1 verlegen?

6. Welche Aufgabe hat der zusätzliche örtliche Schutzpotenzialausgleich in einem Badezimmer mit Badewanne bzw. Dusche?

7. Welche Teile müssen in den örtlichen Schutzpotenzialausgleich im Bad mit einbezogen werden?

8. Warum wird die leitfähige Verbindung der Rohrsysteme mit einem ungeschnittenen Schutzleiter durchgeführt?

2.4 Besondere Bereiche und Anlagen

Für diese Bereiche und Anlagen müssen besondere Schutzmaßnahmen und Betriebsmittel eingesetzt werden, weil die Gefährdung des Menschen hier höher ist als in trockenen Räumen.

Besondere Bereiche und Anlagen

- Feuchte und nasse Bereiche 2.4.1
- Feuergefährdete Betriebsstätten 2.4.2
- Sauna 2.4.3
- Anlagen im Freien 2.4.4
- Medizinisch genutzte Bereiche 2.4.5
- Landwirtschaftliche Betriebsstätten 2.4.6
- Baustellen 2.4.7
- Explosionsgefährdete Bereiche 2.4.8

Bei der Installation in diesen Bereichen sind folgende Fragen zu beantworten:

- Wodurch sind die Bereiche bzw. Anlagen charakterisiert? (**Merkmale**)
- Welche Besonderheiten sind bei der Wahl der Betriebsmittel zu beachten? (**Betriebsmittel**)
- Wie wird der Schutz gegen elektrischen Schlag eingehalten? (**Schutz**)

2.4.1 Feuchte und nasse Bereiche

Hierzu zählen die Bereiche und Orte, an denen die Sicherheit der elektrischen Anlage durch **Feuchtigkeit, Kondenswasser** und **chemische Einflüsse** beeinträchtigt wird.

Beispiele für **feuchte bzw. nasse** Bereiche sind:

- Kellerräume (ungeheizt oder unbelüftet)
- Waschküchen
- Kühlräume
- Großküchen
- Räume mit Wänden und Fußböden, die zur Reinigung abgespritzt werden

Küchen in Wohnungen zählen hingegen nicht zu den feuchten Bereichen, da beim Kochen nur zeitweise Feuchtigkeit entsteht.

Räume mit einer Badewanne oder Dusche zählen ebenso nicht zu den feuchten Bereichen, da hierfür besondere Normen gelten (vgl. Kap. 2.3.3).

Für die elektrischen Betriebsmittel in feuchten und nassen Bereichen gelten bestimmte Mindestanforderungen an den **Wasserschutz**.

Mindest-Schutzart	Schutz gegen ...
IPX1	...senkrecht tropfendes Wasser
IPX4	...Spritzwasser aus jeder Richtung jedoch nicht, wenn der Strahl direkt auf das Betriebsmittel gerichtet wird

Die Reinigung von Betriebsmitteln, die mit Strahl- oder Druckwasser erfolgt, ist trotz einer Schutzart IPX5 nicht zulässig.

In feuchten und nassen Bereichen erfolgt der Schutz gegen elektrischen Schlag durch den Einsatz einer RCD mit $I_{\Delta N} \leq 10$ mA bzw. 30 mA.

2.4.2 Feuergefährdete Betriebsstätten

Überall dort, wo durch die Lagerung und Verarbeitung von leicht entzündlichen Stoffen eine erhebliche Brandgefahr ausgeht, müssen die elektrischen Anlagen in einer besonderen Weise ausgeführt werden.

Beispiele:

- Werkstätten zur Holzverarbeitung
- Öllagerräume
- Lagerorte für Heu oder Stroh
- Räume mit Lackiereinrichtungen

Die Betriebsmittel in diesen Bereichen müssen mindestens der **Schutzart IP4X bzw. IP5X** bei Feuergefährdung durch Staub aufweisen. Die Leuchten bestehen aus schwer entflammbaren Materialien. Jeder Motor muss gegen zu hohe Temperaturen geschützt werden (Motorschutzschalter, vgl. Kap. 2.8).

Die ortsfesten Leitungen werden als PVC-Mantelleitung NYM oder NYY ausgeführt.

Brände durch Funkenbildung in Folge eines Isolationsfehlers lassen sich durch folgende Maßnahmen vermeiden:

- RCD-Schutzeinrichtung mit $I_{\Delta N} \leq 0{,}3$ A
- Elektrisches Anlagenteil auf das für die Anwendung bezogene Maß beschränken
- Abschaltung des Überstrom-Schutzorgans bei einem vollkommenen Kurzschluss innerhalb von 5 s.

- In feuchten und nassen Bereichen müssen die elektrischen Betriebsmittel mindestens die Schutzart IPX1 aufweisen.
- In feuergefährdeten Betriebsstätten ist als Mindest-Schutzart IP4X bzw. IP5X notwendig.

2.4.3 Saunen

Saunaräume werden als Heißluft- oder Dampfsauna gebaut.

- Bei **Heißluft-Saunen** wird die Luft im Saunabetrieb mit einem Heizgerät auf hohe Temperaturen erwärmt. Die Luftfeuchtigkeit steigt nur dann kurz an, wenn Wasser auf den Ofen gegossen wird. Daher zählt die Heißluft-Sauna zu den trockenen Räumen (vgl. DIN VDE 0100-703).
- Eine **Dampfsauna** hingegen gilt als feuchter und nasser Raum.

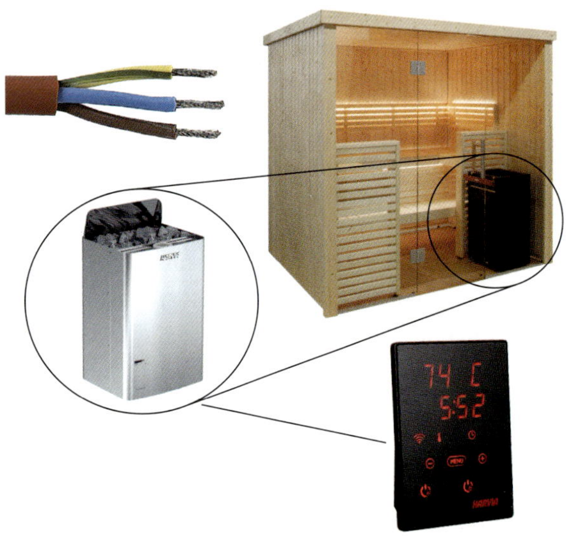

Für die Betriebsmittel in einer Heißluft-Sauna wird als Schutzart IPX4 gefordert. Steckdosen sind in Heißluft-Saunaräumen nicht zulässig.

Obwohl eine **Dampfsauna** zu den feuchten und nassen Räumen zählt und demzufolge nur IPX1 als Schutzart erforderlich ist, sollte aus Sicherheitsgründen ebenfalls die Schutzart IPX4 gewählt werden. Zusätzlich müssen die Betriebsmittel für die hohe Luftfeuchtigkeit in einer Dampfsauna geeignet sein.

In einer **Heißluft-Sauna** kann als Schutzmaßnahme SELV (vgl. Kap. 1.7) angewendet werden, wenn ein Schutz gegen direktes Berühren durch Abdeckung bzw. Isolierung vorliegt. Ein Schutz bei indirektem Berühren durch nicht leitende Umgebung und örtlichen Schutzpotenzialausgleich ist nicht zulässig.

In allen Saunen muss bei der Wahl der elektrischen Betriebsmittel die höchste zu erwartende Temperatur berücksichtigt werden. Die Leitungen dürfen keinen Metallmantel aufweisen und nicht in metallenen Schutzrohren verlegt werden.

- In einer Heißluft-Sauna dürfen keine Steckdosen installiert werden.

2.4.4 Anlagen im Freien

Dieser Anlagentyp liegt nach DIN VDE 0100-737 vor, wenn eine Elektroinstallation vollständig oder teilweise als Verbraucheranlage außerhalb eines Gebäudes errichtet ist. Zu diesen Anlagen gehören z. B. Gebäudeaußenwände, Straßen, Gärten, Bauplätze, Dächer, Kranen, Tankstellen.

Zur Beantwortung der Frage nach dem erforderlichen Wasserschutz ist es wichtig zu wissen, ob die Anlage geschützt oder ungeschützt ist. Bei **geschützten Anlagen** (z. B. überdachte Tankstellen oder Bahnsteige) müssen die Betriebsmittel mindestens die Schutzart IPX1 aufweisen. In **ungeschützten Anlagen** (z. B. Gärten) muss die Schutzart IPX3 als Mindestforderung eingehalten werden.

Bei der Anbringung der Betriebsmittel sollte darauf geachtet werden, dass sie vor Hochwasser und starken Regengüssen geschützt sind. Die Montagehöhe von Steckdosen im Freien sollte mindestens 0,8 m über dem Boden betragen.

Steckdosen mit einer Bemessungsstromstärke $I_N \leq 20$ A müssen über eine RCD mit einem Bemessungsdifferenzstrom $I_{\Delta N} \leq 30$ mA geschützt werden. Dies gilt sowohl für Steckdosen im Freien als auch für die Steckdosen innerhalb eines Gebäudes, die zur Versorgung elektrischer Betriebsmittel im Freien dienen.

- Anlagen im Freien werden als geschützte (z. B. überdachte Tankstelle) und ungeschützte Anlagen (Gartenanlage) gebaut.
- In geschützten Anlagen im Freien gilt für den Wasserschutz mindestens IPX1, in ungeschützten Anlagen mindestens IPX3.
- Alle Steckdosen zur Versorgung elektrischer Betriebsmittel im Freien müssen mit einer RCD ($I_{\Delta N} \leq 30$ mA) geschützt werden.

Aufgaben

1. In der Lackierhalle einer Schreinerei sollen die Leuchten ausgetauscht werden. Welche Schutzart müssen die neuen Leuchten besitzen?

2. Auf welche Kriterien ist bei der Auswahl der Betriebsmittel in einer Dampfsauna zu achten?

3. Erklären Sie den Unterschied zwischen einer ungeschützten und einer geschützten Anlage im Freien!

4. Ein Kunde möchte im Bereich seiner Außenterrasse eine Steckdose 30 cm über dem Boden installiert haben. Ist diese Installation vorschriftsmäßig? (Begründung)

2.4.5 Medizinisch genutzte Bereiche

In diesen Bereichen werden Patienten mit elektromedizinischen Geräten untersucht und behandelt. Deshalb gelten hier besonders hohe Anforderungen (vgl. DIN VDE 0100-710).

Das Risiko für den Patienten ist bei einem Fehler sehr groß, da die elektromedizinischen Geräte oftmals direkt mit dem Körper des Patienten in Verbindung kommen, eine lebenswichtige Funktion übernehmen (z.B. Beatmungsgeräte) oder direkt mit elektrischen Impulsen therapiert wird.

Anwendungsgruppe	Nutzung	Beispiele
0	Anwendung medizinischer Geräte, die auch außerhalb der medizinischen Räume zulässig sind.	Praxisraum Bettenraum
1	Elektromedizinische Geräte dürfen nur am oder im Körper durch natürliche Körperöffnungen verwendet werden.	Therapieraum Massageraum Bettenraum
2	Operationen und lebenserhaltende Funktionen	Operationssaal Intensivstation

Zum Schutz bei indirektem Berühren dürfen in Räumen der Anwendungsgruppe 2 nur

- Kleinspannung (25 V AC bzw. 60 V DC),
- Schutz durch automatische Abschaltung im IT-System,
- doppelt oder verstärkte Isolierung (Schutzisolierung) oder
- Schutztrennung (nur ein angeschlossenes Gerät)

angewendet werden.

Für **Operationsleuchten** mit einer höheren Bemessungsspannung als 25 V AC bzw. 60 V DC sowie Stromkreise zur Versorgung elektromedizinischer Geräte für Operationen ist der Schutz durch automatische Abschaltung im IT-System notwendig.

Um die Stromversorgung auch im Falle eines Netzausfalls aufrecht zu erhalten, sind **Ersatzstromversorgungen** erforderlich (vgl. Kap. 1.12). Sinkt die Netzspannung um mehr als 10 % ab, werden

- Geräte zur Erhaltung lebenswichtiger Funktionen innerhalb von 0,5 s und
- alle übrigen Verbraucher innerhalb von 15 s

auf die Ersatzstromversorgung umgeschaltet.

- Medizinisch genutzte Bereiche sind gemäß der Nutzung in die Anwendungsgruppen 0, 1, 2 unterteilt.
- Im Anwendungsbereich 2 ist für Operationsbeleuchtungen und elektromedizinische Geräte für Operationen eine automatische Abschaltung im IT-System vorzusehen.

2.4.6 Landwirtschaftliche Betriebsstätten

In landwirtschaftlichen Betrieben und Gartenbaubetrieben wird nach Wohn- und Wirtschaftsgebäuden unterschieden (vgl. DIN VDE 0100-705). Für die Wohngebäude gelten die Normen für die Hausinstallation. Zu den Wirtschaftsgebäuden zählen sowohl deren Innenräume als auch die Anlagen im Freien eines landwirtschaftlichen Betriebes.

Betriebsstätten	
in Landwirtschaft	im Gartenbau
Stallungen, Heuböden, Brut- und Aufzuchtsräume, Speicher für Düngemittel, Stroh und Getreide	Gewächshäuser und Räume zur Lagerung und Verarbeitung der Erzeugnisse

Besondere Einwirkungen auf die elektrischen Betriebsmittel entstehen in landwirtschaftlichen und gartenbaulichen Betrieben durch Feuchtigkeit, Staub, chemische Dämpfe und Säuren. Diese können für Menschen und Tiere ein hohes Risiko darstellen. Daher sollten die Betriebsmittel so angeordnet werden, dass sie für Tiere nicht zugänglich sind sowie vor äußeren Einflüssen geschützt sind.

In landwirtschaftlichen Betriebsstätten dürfen elektrische Betriebsmittel nur in den Bereichen verwendet werden, wo sie auch erforderlich sind. Leitungen sind so zu verlegen, dass sie von den Nutztieren nicht erreichbar sind.

Schutzart der Betriebsmittel	
Fremdkörperschutz	Wasserschutz
IP4X (keine Staubentwicklung)	IPX4 (bei normalem Gebrauch)
IP5X (mit Staubentwicklung)	vgl. Tabelle S. 77 (höhere Belastung)

Im Bereich der Stallungen ist ein zusätzlicher örtlicher Schutzpotenzialausgleich gefordert, der alle fremden, elektrisch leitfähigen Teile (Metallgitter im Boden, Melkanlagen) miteinander sowie dem Schutzleiter verbindet. Stromkreise zur Versorgung von Steckdosen müssen über eine RCD ($I_{\Delta N} \leq 30$ mA) geschützt werden. Für den Endstromkreis wird der Schutz mittels RCD mit $I_{\Delta N} \leq 300$ mA empfohlen.

- In landwirtschaftlichen Betriebsstätten und Gartenbaubetrieben sind die elektrischen Betriebsmittel vor äußeren Einflüssen (Feuchtigkeit, Staub usw.) zu schützen.
- Betriebsmittel müssen beim Fremdkörperschutz mindestens die Schutzart IP4X aufweisen.
- Beim Auftreten von brennbaren Stäuben ist die Schutzart IP5X erforderlich.

2.4.7 Baustellen

Auf einer Baustelle werden für alle elektrischen Betriebsmittel hohe Anforderungen an die

- mechanische Belastbarkeit,
- die Witterungsbeständigkeit sowie
- den Schutz gegen elektrischen Schlag

gestellt. Diese sind in DIN VDE 0100-704 geregelt.

Anlagen auf Baustellen sind alle elektrischen Einrichtungen für die Neuerrichtung oder Durchführung von Reparaturarbeiten an

- Hoch- und Tiefbaustellen sowie
- Baustellen mit Metallbaumontagen.

Die Versorgung der elektrischen Betriebsmittel erfolgt über einen **Baustromverteiler** (Abb. 1).

- Der Verteiler wird ohne eine lösbare Verbindung direkt an das VNB-Netz angeschlossen und muss den Bestimmungen der TAB des jeweiligen VNB entsprechen (Mindest-Schutzart IP44).
- Als Zuleitung wird eine flexible Leitung H07RN-F verwendet, die nicht länger als 30 m sein soll.
- Einrichtung zur Trennung der Einspeißung notwendig.

1: Baustromverteiler

Welche Schutzart ist erforderlich?

Betriebsmittel	Schutzart
Baustromverteiler	IP44
Installationsmaterial und Abzweigdosen	IPX4
handgeführte elektrische Maschinen	IP2X
Leuchten	IP23
Handleuchten	IP55

Orte, an denen mit einzelnen Geräten gearbeitet wird, z. B. bei Bohr- und Schweißarbeiten, zählen nicht zu den Baustellen. Sind hier umfangreiche Arbeiten mit mehreren gleichzeitig benutzten elektrischen Betriebsmitteln erforderlich, muss die Stromversorgung ebenfalls über einen zentralen Baustromverteiler erfolgen.

Die **Energieversorgung** wird bei Baustellen als TN-S-, TT- oder IT-System ausgeführt. Der Baustromverteiler muss jederzeit zugänglich sein. Über eine gegen Einschalten abschließbare Trenneinrichtung muss der Verteiler spannungsfrei zu schalten sein. Alle Steckverbindungen sind über eine RCD abzusichern.

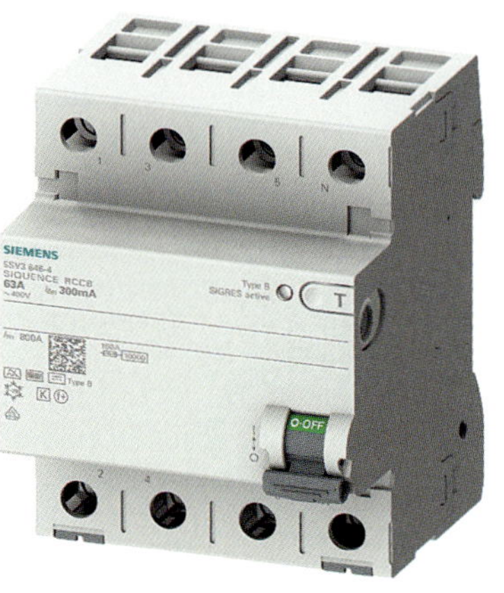

$I_{\Delta N} \leq 30$ mA bei Steckdosenstromkreisen mit $I_N \leq 32$ A

$I_{\Delta N} \leq 0{,}5$ A bei Steckdosenstromkreisen mit $I_N > 32$ A

Allstromsensitive RCD (Typ B) bei frequenzgesteuerten Betriebsmitteln

Drehstromsteckdosen mit $I_N \leq 63$ A RCD (Typ B)

Die Verlängerungsleitungen zu den Verbrauchern bestehen aus Gummischlauchleitungen (H07RN-F) oder gleichwertigen gummiaderisolierten Leitungen. Leitungen mit einer Aderisolierung aus PVC sind nicht erlaubt.

- Der Baustromverteiler dient zur Versorgung elektrischer Betriebsmittel auf einer Baustelle und hat als Mindest-Schutzart IP44.
- Auf einer Baustelle wird das TN-S-, TT- oder IT-System eingesetzt.
- Die Steckdosen in einem Baustromverteiler sind über eine RCD abzusichern.

Aufgaben

1. Nennen Sie die Schutzmaßnahmen zum Schutz bei indirektem Berühren in einem Operationssaal!

2. In welchen Fällen ist in medizinisch genutzten Räumen des Anwendungsbereiches 2 ein Schutz durch automatische Abschaltung im IT-System notwendig?

3. Warum ist die automatische Abschaltung im IT-System gerade in Operationsräumen sinnvoll?

4. Welche zeitlichen Forderungen werden an die Umschaltung von Netzspannung auf eine Ersatzstromversorgung gestellt?

Besondere Bereiche und Anlagen			
	Beispiel	**Schutzart der Betriebsmittel**	**Schutz gegen elektrischen Schlag**
Feuchte und nasse Bereiche 	• Kellerraum • Waschküche • Kühlraum • Großküchen	IPX1 senkrecht tropfendes Wasser IPX4 Spritzwasser aus jeder Richtung	keine besondere Schutzmaßnahme erforderlich
Feuergefährdete Betriebsstätten 	• Werkstätten der Holzverarbeitung • Öllagerräume • Lackierräume • Heu- oder Strohlager	IP4X Mindest-Schutzart IP5X Feuergefährdung durch Staub	keine besondere Schutzmaßnahme erforderlich
Saunen 	• $I_{\Delta N} \leq 30$ mA	IPX4 Heißluftsauna und als Empfehlung für eine Dampfsauna	Heißluftsauna: Kleinspannung mit einem Schutz gegen direktes Berühren (Basisschutz) durch Abdeckung oder Isolierung. Dampfsauna: RCD mit $I_{\Delta N} \leq 30$ mA
Anlagen im Freien 	• Verbraucheranlagen, die vollständig oder teilweise außerhalb eines Gebäudes errichtet sind.	IPX1 geschützte Anlagen IPX3 ungeschützte Anlagen	Steckdosen mit $I_N \leq 20$ A sind über eine RCD mit $I_{\Delta N} \leq 30$ mA zu schützen.
Medizinisch genutzte Bereiche 	• Bettenraum • Praxisraum	Verteiler müssen der DIN VDE 0660-500 entsprechen und außerhalb von medizinisch genutzten Räumen untergebracht sein.	keine besondere Schutzmaßnahme erforderlich
	• Therapieraum • Massageraum • chirurgische Ambulanz		• SELV • Doppelte oder verstärkte Isolierung (Schutzisolierung) • Schutztrennung bei nur einem angeschlossenen Verbraucher • RCD ($I_{\Delta N} \leq 30$ mA) bei $I_N \leq 63$ A • Automatische Abschaltung im IT-System (beim 2. Fehler)
	• Operationsraum • Intensivstation	Im Anwendungsbereich 2 sind eigene Verteiler erforderlich.	
Landwirtschaftliche Betriebsstätten 	• Stallung • Heuboden • Brut- und Aufzuchtraum • Getreide- bzw. Düngemittelspeicher	IP44 normaler Gebrauch ohne Staubentwicklung IP5X Gebrauch mit Staubentwicklung	Steckdosenstromkreise werden über eine RCD ($I_{\Delta N} \leq 30$ mA) versorgt.
Baustellen 	• Hoch- und Tiefbaustellen • Baustellen mit Metallbaumontagen	IP44 Baustromverteiler IP2X handgeführte Elektrowerkzeuge IP55 Handleuchten	Abschließbare Einrichtung zur Trennung der Einspeisung erforderlich. RCD erforderlich: Drehstromsteckdosen $I_N \leq 63$ A: Typ B Steckdosen $I_N \leq 32$ A: $I_{\Delta N} \leq 30$ mA $I_N > 32$ A: $I_{\Delta N} \leq 500$ mA

2.4.8 Explosionsgefährdete Bereiche

In vielen Bereichen der Industrie fallen bei der Produktion häufig Gas oder Nutz- und Abfallstaub (z. B. Tank- und Abfüllanlagen oder Farbspritzanlagen) an. Diese Stoffe können in Verbindung mit der Luft explosionsfähig werden. Dabei kann es insbesondere in Räumen und Behältern zu einer Drucksteigerung kommen.

Zu den **explosionsgefährdeten Betriebsstätten** zählen alle Bereiche, in denen sich explosionsfähige

- Gas-Luft-Gemisch,
- Dampf-Luft-Gemisch,
- Nebel-Luft-Gemisch oder
- Staub-Luft-Gemisch

bilden können.

Eigenschaften explosionsfähiger Gemische

Oberhalb einer bestimmen Temperatur (**Flammpunkt**) bilden sich bei Flüssigkeiten an deren Oberfläche Dämpfe, die in Verbindung mit der Luft entflammbare Gemische bilden können.

Ob ein Gas- bzw. Dampf-Luft-Gemisch überhaupt zündfähig ist, wird von der **Konzentration** bestimmt. So ist z. B. Benzin bei einer Konzentration von 0,8 % bereits zündfähig. Während Stadtgas erst bei einer Konzentration von 4 % zündfähig ist.

Ob das Gemisch letztendlich auch wirklich zündet, bestimmt die **Zündtemperatur**. Benzin zündet bei einer Temperatur von 250 °C und Stadtgas erst bei 560 °C.

Aus diesem Grund muss bei der Auswahl der elektrischen Betriebsmittel in gefährdeten Bereichen darauf geachtet werden, dass es durch den Betrieb dieser Geräte nicht zu einem Entzünden der Gemische kommen kann. Die Oberflächentemperatur der Betriebsmittel muss stets kleiner als die Zündtemperatur sein.

Weiterhin muss verhindert werden, dass ein Funke, der im Inneren eines Betriebsmittels durch Schaltvorgänge auftritt, über einen Spalt nach außen gelangt. Durch konstruktive Maßnahmen (z. B. Verlängerung des Spaltes nach außen, vgl. Abb. 1) lässt sich das Gemisch so weit abkühlen, dass es außerhalb nicht mehr zündet.

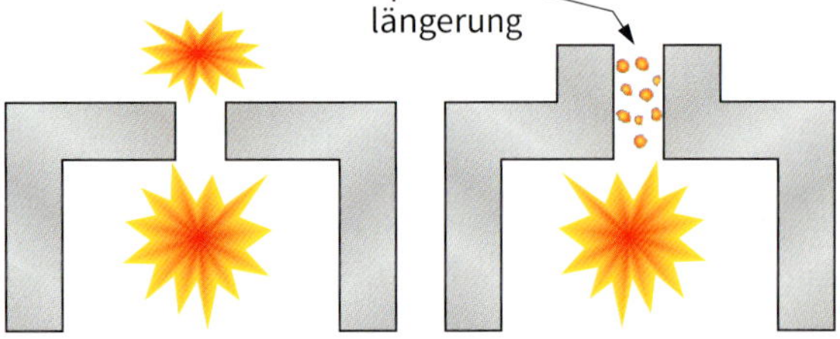

1: Spaltverlängerung an elektrischen Betriebsmitteln

Welche Eigenschaften besitzen die elektrischen Betriebsmittel?

Am Beispiel einer Tankanlage für Benzin und Dieselkraftstoff werden wir die Eigenschaften und die Installation der Betriebsmittel erklären.

Zunächst wird die Explosionsgruppe der Gefahrenstoffe und die Eignung der zu installierenden Betriebsmittel bestimmt (Abb. 2).

Gefahrenstoff	Explosionsgruppe	Temperaturklasse
schlagwettergefährdeter Bergbau	I	max. 450 °C
Benzin	II A	T3
Dieselkraftstoff	II A	T3
Heizöl (leicht)	II A	T3
Propan	II A	T1
Stadtgas	II B	T1
Wasserstoff	II C	T1

2: Explosionsgruppen von Gasen und Dämpfen

Aus der Tabelle entnehmen wir, dass die Betriebsmittel der Tankanlage für die Explosionsgruppe II A geeignet sein müssen. Die größte Gefahr geht von Stoffen der Explosionsgruppe II C aus.

Die Temperaturklasse T1 ... T6 gibt die maximale Oberflächentemperatur des Betriebsmittels an. Die Zündtemperatur des Gemisches darf in keinem Fall unter diesem Wert liegen.

Temperaturklasse	maximale Zündtemperatur der Gemische in °C	maximale Oberflächentemperatur in °C
T1	> 450	450
T2	300 ... 450	300
T3	200 ... 300	200
T4	135 ... 200	135
T5	100 ... 135	100
T6	85 ... 100	85

Die Tabelle zeigt, dass die maximale Oberflächentemperatur der Betriebsmittel in der Tankanlage nicht größer als 200 °C sein darf.

- Explosionsgefährdete Räume sind Bereiche, in denen es durch Gas, Dampf, Nebel oder Staub zusammen mit Luft zu einem explosionsfähigen Gemisch kommt.
- Die Explosionsgruppe kennzeichnet die Gefährlichkeit eines Gemisches.
- Die Zündtemperatur des explosionsfähigen Gemisches muss stets höher als die maximale Oberflächentemperatur des Betriebsmittels sein.

Einteilung der explosionsgefährdeten Bereiche

Die Art und das Auftreten des Gemisches bestimmen die Zone des explosionsgefährdeten Bereiches (Abb. 3).

Zone	Gemisch	Entstehung
0	Gase, Dämpfe, Nebel	ständig
1		gelegentlich
2		kurzzeitig
20	Staubwolke	häufig
21		gelegentlich
22		kurzzeitig

3: Zoneneinteilung der explosionsgefährdeten Bereiche

Zusammenfassend lässt sich feststellen, dass die elektrischen Betriebsmittel der Tankanlage folgende Eigenschaften besitzen müssen:

- Eignung für die Explosionsklasse II A
- maximale Oberflächentemperatur 200 °C
- Eignung für die Verwendung in Zone 1

Wodurch wird der Zündschutz erreicht?

Die Art des Zündschutzes ist bei elektrischen Betriebsmitteln durch einen Kennbuchstaben gekennzeichnet (vgl. DIN EN 60079). Dieser Buchstabe ist Teil einer Gesamtkennzeichnung von explosionsgeschützten Betriebsmitteln.

Ex II 2G Ex db eb IIC T6 Gb

- Gb – Geräteschutzniveau (EPL)
- T6 – Temperaturklasse
- IIC – Explosionsgruppe
- Ex db eb – Geräteschutzniveau
- 2G – Gerätekategorie[1)]
- II – Gerätegruppe[1)]

[1)] Richtlinie 2014/34/EU

4: Explosionsgeschützte CEE-Steckdose

Kennbuchstabe	Zündschutzart	Kennzeichen
d	druckfeste Kapselung	Elektrische und mechanische Bauteile sind in einem druckfesten Gehäuse mit Dichtungen eingeschlossen.
e	Erhöhte Sicherheit	Verhinderung von unzulässig hohen Temperaturen und Funken an den inneren und äußeren Teilen elektrischer Betriebsmittel.
i	Eigensicherheit	Betriebsmittel enthalten nur Stromkreise, in denen keine zündfähigen Funken oder thermische Effekte auftreten.
n	Nichtzündfähiges Teil	Elektrische Betriebsmittel können keine umgebende explosionsfähige Atmosphäre zünden.

5: Übersicht der wichtigsten Zündschutzarten

Installation in explosionsgefährdeten Bereichen

Bei der Installation einer elektrischen Anlage in einem explosionsgefährdeten Bereich sind folgende Punkte zu beachten:

- Die verwendeten Betriebsmittel müssen für die entsprechende Zone, Explosionsgruppe und Temperaturklasse geeignet sein.
- In explosionsgefährdeten Bereichen sollten nur die notwendigen Leitungen, Schalter und Verteiler installiert werden.
- Bei Gefahr muss die Anlage durch eine gut zugängliche Notabschalt-Einrichtung vom Netz getrennt werden können.
- Es sind nur TNC- und IT-Systeme erlaubt.

- Die verwendeten elektrischen Betriebsmittel müssen für den Einsatz in der entsprechenden Zone geeignet sein.
- Jedes explosionsgeschützte elektrische Betriebsmittel besitzt eine Kennzeichnung, die den Gesamtschutz beschreibt.

Aufgaben

1. Sie haben die Aufgabe, einen Motor in einer Lackierhalle zu installieren.
Für welche Zone muss dieser Motor geeignet sein?

2. Ein elektrisches Betriebsmittel trägt folgende Aufschrift: II 2G Ex eb IIB T5 Gb
Für welche Zündschutzart und welchen Temperaturbereich ist das Gerät geeignet?

2.4.9 Anlagenschutz

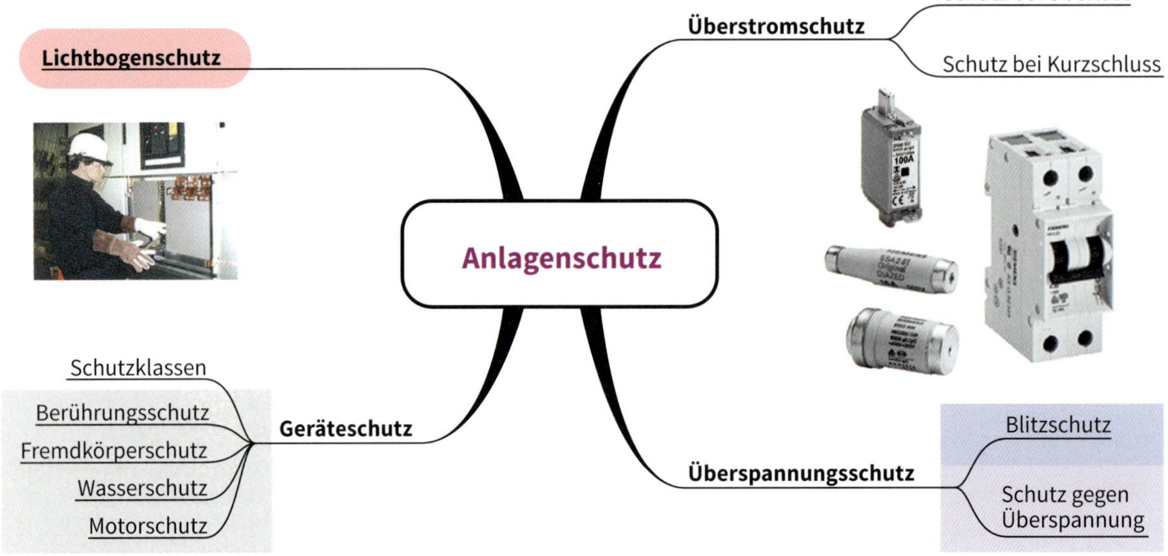

1: Übersicht zum Anlagenschutz

Der Schutz von Anlagen besteht aus der Anwendung bestimmter Schutzmaßnahmen (Abb. 1) und deren ständiger Überwachung. Der Anlagenschutz gehört damit auch in den Bereich der Instandhaltung (Wartung). Trotzdem kann es in Anlagen zu Störungen kommen, bei denen z. B. Lichtbögen auftreten.

Lichtbögen können entstehen, wenn z. B. Handhabungsfehler bei der Montage oder Wartung von Niederspannungs-Schaltanlagen vorliegen.
Weitere **Fehlerquellen** sind:

- fehlerhafte Kontaktstellen (Abb. 2),
- Schäden an der Isolation von Geräten und Leitungen, z. B. durch Alterung,
- Bedienfehler, z. B. beim Auswechseln von Geräten in Geräte- und Anschlussräumen,
- überlastete Leitungen und Sammelschienen,
- falsch dimensionierte Geräte,
- Beschädigung der Isolation durch Tiere, die über Kabelkanäle in die Anlage gelangen und
- Verunreinigung durch Staubablagerungen.

2: Schaltanlage nach Störlichtbogen

Wie entstehen Störlichtbögen ?

Durch die **Ionisation** von Gasen entstehen leitende Verbindungen in Form von Lichtbögen zwischen Leitern. Auch leitende Fremdkörper, z. B. Werkzeuge, die zwischen die Leiter fallen, erzeugen einen Kurzschluss und lösen dadurch einen Lichtbogen aus. Lichtbögen, die nicht betriebsmäßig an Anlagen oder Betriebsmitteln auftreten, heißen **Störlichtbögen**. Bei Niederspannung entstehen Störlichtbögen durch einen **Kurzschluss**, bei Hochspannung durch **Verkürzung des Luftabstandes** zwischen unter Spannung stehenden Anlagenteilen.

Auswirkungen von Störlichtbögen

Die Auswirkungen von Störlichtbögen hängen von **Stärke** und **Brennzeit** der Lichtbögen ab. Es können Temperaturen bis zu 10 000 °C entstehen. An der Stelle des Entstehens von Lichtbögen sogar weit über diesen Wert hinaus.

Es baut sich dann folgende Wirkungskette auf:

Metall verdampft und bildet eine leitende Verbindung zwischen Leitern.

↓

Stromfluss verstärkt sich und erhöht die Temperatur.

↓

Metalldampf dehnt sich explosionsartig aus und flüssige Metallspritzer werden weggeschleudert.

↓

Metalldampf kühlt sich wieder ab und bildet mit Sauerstoff giftiges Metalloxid.

Das explosionsartige Ausdehnen des Metalldampfes verursacht einen hohen Druckanstieg und eine **Druckwelle**. Durch die Druckwelle und Wärmeentwicklung können Schaltanlagen vollständig zerstört werden. Auch an Gebäuden können Folgeschäden durch Brand entstehen. Die Anlagen müssen daraufhin stillgelegt werden, z. B. die Energieversorgung im Krankenhaus. In Industriebetrieben kommt es zum Produktionsstillstand. Um den Ausfall der Energieversorgung zu vermeiden, sind vorbeugende Maßnahmen unbedingt erforderlich.

Maßnahmen zur Verhinderung von Störlichtbögen

Die technische Entwicklung zielt darauf, den Schutz bei Störlichtbögen weiter zu vervollständigen. Zunächst wird **passiver Schutz** vorgesehen. Er verhindert die Ausbreitung von Störlichtbögen in Anlagen und damit das Entstehen von Bränden. Als Maßnahme wird Abschottung der Objekte eingesetzt.

Der **aktive Schutz** besteht darin, elektrische Anlagen so zu planen, dass keine Lichtbögen entstehen können. Beide Schutzarten können parallel angewendet werden (Abb. 3).

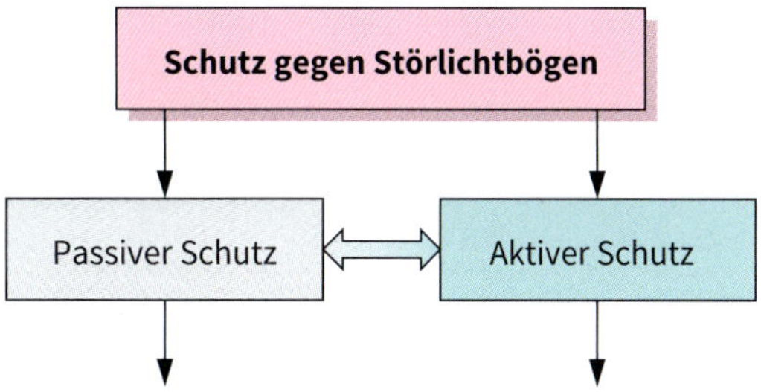

3: Schutzarten gegen Störlichtbögen

Dieser Schutz bezieht sich auf die innere Unterteilung von Schaltgerätekombinationen.

Eine mögliche Teilung ist in Abb. 4 dargestellt. Hier ist der Raum mit den Sammelschienen ① vom Geräteraum ② und Anschlussraum ③ getrennt.

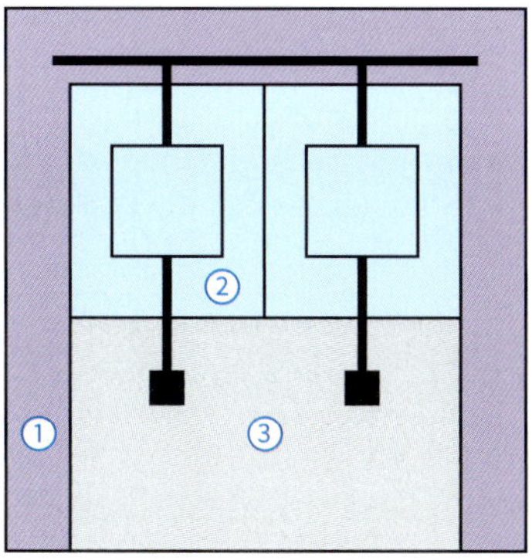

4: Raumunterteilung

Durch die **räumliche Trennung** der drei Bereiche wird erreicht, dass ein entstehender Störlichtbogen auf den abgegrenzten Bereich beschränkt bleibt und sich nicht auf andere Bereiche ausdehnen und Schäden verursachen kann.

Wegen der Trennung der einzelnen Funktionseinheiten ist außerdem **Personenschutz** gewährleistet.

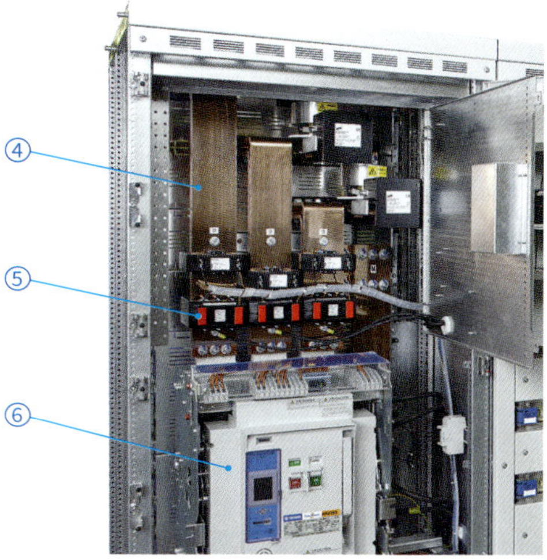

5: Störlichtbogen-Schutzsystem im Einspeisefeld

Prinzip von Schutzsystemen

Durch Schutzsysteme (Abb. 5) wird das Licht eines Störlichtbogens bereits während des Entstehens im Einspeisefeld ④ von **Sensoren** erfasst. Das Signal wird an die **Auslöseeinheit** (Mastereinheit) ⑤ weitergeleitet. Von dort erfolgt der Löschbefehl an das **Löschgerät** ⑥. Dies erzeugt parallel zur Fehlerstelle einen dreipoligen Kurzschluss. Das Schutzorgan schaltet den Stromkreis ab. Der Lichtbogen erlischt in $t_a < 2$ ms (Herstellerangabe).

- Störlichtbögen entstehen durch Ionisation von Gasen und durch leitende Fremdkörper.
- Raumunterteilungen bei Schaltgerätekombinationen grenzen Störlichtbögen ein.
- Störlichtbögen bewirken durch die Druckwellen Zerstörungen und sind durch Rauchentwicklung gesundheitsschädlich.
- Mit Schutzsystemen wird über Sensoren ein Störlichtbogen erfasst und durch Löschgeräte gelöscht.

Aufgaben

1. Nennen Sie vier Arten des Schutzes in elektrischen Anlagen.
2. Nennen Sie vier Fehlerquellen, durch die Lichtbögen in Schaltanlagen entstehen können.
3. Beschreiben Sie die Entstehung von Störlichtbögen.
4. Beschreiben Sie die Auswirkungen von Störlichtbögen mit Hilfe einer Wirkungskette.
5. Wie können in einem Raum mit Schaltgeräten Störlichtbögen eingegrenzt werden?
6. Welche Maßnahmen gibt es, um Störlichtbögen zu verhindern bzw. zu löschen?

2.5 Überspannungsschutz

Im Verwaltungsbüro eines Industriebetriebes ist die Computeranlage ausgefallen. Der beauftragte Elektroniker stellt bei der Sichtprüfung fest, dass eine Überspannung den Schaden verursacht hat.

Wodurch können Überspannungen entstehen?
Überspannungen (Abb. 1) entstehen durch Schalthandlungen im Netz (ca. 80 %) und durch **Blitzeinschlag** (ca. 20 %).

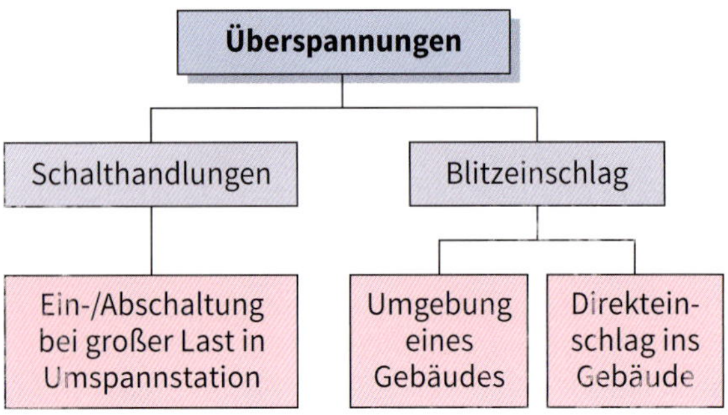

1: Übersicht

Gefährdungsbereich bei Blitzeinschlag
Der Gefährdungsbereich bei einem Blitzeinschlag erstreckt sich im Umkreis von bis zu 1,5 km um den Einschlagspunkt (Abb. 2). In diesem Bereich können sich Überspannungen zerstörend auf elektronische Anlagen auswirken. Wenn Gebäude von einem **Blitzschlag** getroffen werden, laufen im Bruchteil einer Sekunde folgende Vorgänge ab:

1. Die mit dem Schutzleiter verbundenen Gehäuse werden auf ein **hohes Potenzial** (Spannung gegen Außenleiter) angehoben.
2. Von den geerdeten Anlageteilen fließt ein **hoher Strom** (Blitzstrom oder Ausgleichsstrom) über den N-Leiter in die elektrische Anlage.
3. Geräte können auch im ausgeschalteten Zustand beschädigt werden, da die hohe Spannung die **Isolierung** durchschlagen kann.

Gefährdungen können sich ergeben durch

- **direkten Blitzeinschlag**, z. B. in Häuser
  ⇒ Blitzstromableiter leiten dann die Blitzströme direkt zur Erde ab.
- **Ferneinschlag eines Blitzes**, z. B. in Versorgungsleitungen
  ⇒ Überspannungen breiten sich aus und können durch Blitzstromableiter unwirksam gemacht werden.
- **Überspannungen**, z. B. durch Schalthandlungen im VNB-Netz
  ⇒ Überspannungsschutzgeräte schützen sowohl das Gebäude als auch elektrische Betriebsmittel.

2: Gefährdungsbereich bei Blitzeinschlag

Jeder Blitz ist eine Entladung (**Gleichstrom-Stoßentladung**) in sehr kurzer Zeit (etwa 20 µs). Der **Blitzstrom** kann Spitzenwerte von 100 kA und mehr erreichen. Wegen der sehr kurzen Zeit, in der der Blitzstrom über die Leitungen der Blitzschutzanlage zur Erde geleitet wird, werden die äußeren Teile des Gebäudes kaum zerstört.

Am zeitlichen Verlauf des Blitzstromes im i-t-Diagramm (Abb. 3) ist Folgendes zu erkennen:

- Der Blitzstrom steigt in kurzer Zeit stark an ①. Das dadurch entstehende große Magnetfeld verursacht an Leitungen eine hohe Induktionsspannung.
- Die Fläche unter der Blitzstromkurve ② entspricht der Ladung. Diese Ladung wird in das Netz eingespeist.

Wegen der großen Ströme und der in der elektrischen Anlage entstehenden hohen Induktionsspannung ist trotz der kurzen Zeit die **Wärmeentwicklung** sehr groß.

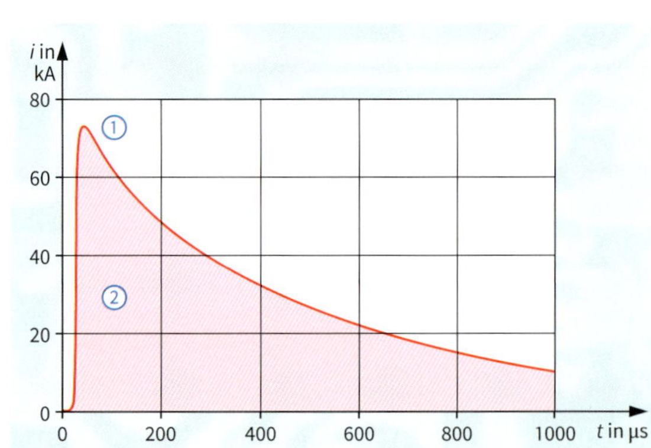

3: Blitzstromverlauf (Kennlinie aus Laborversuch)

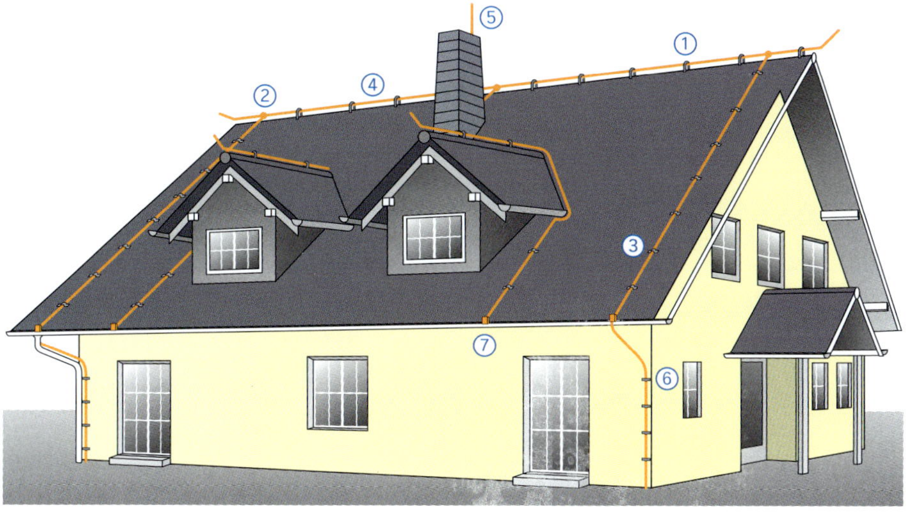

Teile der Blitz-Schutzanlage:

① Dachleitungshalter für Firstziegel
② Vario-Schnell-verbinder
③ Dachleitungshalter
④ Rundleiter
⑤ Fangstange
⑥ Leitungshalter
⑦ Rinnenklemme

4: Teile der äußeren Blitzschutzanlage und Hausableitung (vgl. DIN 48803)

Wirkungen des Blitzstromes

- **Direkter Blitzeinschlag**, z. B. in einzeln stehende Häuser:
  Blitzstromableiter leiten die Blitzströme direkt zur Erde ab.
- **Ferneinschlag eines Blitzes** in Versorgungsleitungen oder elektrische Freiluft-Verteilungsanlagen:
  Überspannungen breiten sich auf den Versorgungsleitungen des VNB-Netzes aus und werden durch Überspannungsableiter in Gebäuden unwirksam gemacht.
- **Überspannungen** durch Gewitter oder aus dem VNB-Netz in Gebäuden mit EDV-Anlagen:
  Blitzstromableiter und Überspannungsschutzgeräte schützen sowohl das Gebäude als auch die Datenverarbeitungsanlagen.

Blitzschutzanlagen müssen nach DIN EN 62305-1 z. B. in PV-Anlagen errichtet werden (vgl. Kap. 2.10).

Sie bestehen an Gebäuden aus dem

- äußeren Blitzschutz und
- inneren Blitzschutz.

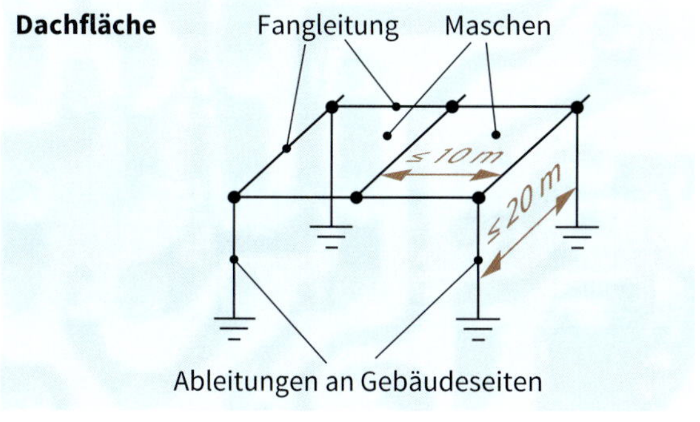

5: Fang- und Ableitungen

Was ist äußerer Blitzschutz?

Der äußere Blitzschutz umfasst alle Einrichtungen außerhalb einer Gebäudes, die zum **Auffangen und Ableiten des Blitzstromes** in die Erde dienen.

Außen um das Gebäude werden je nach Größe der Gebäudefläche weitmaschig Metallleitungen gelegt (Abb. 5). Dabei müssen die angegebenen Maße eingehalten werden. Das Gebäude befindet sich dann wie in einem weitmaschigen Metallkäfig. Ein Blitzeinschlag in das Innere ist unwahrscheinlich, weil die Fang- und Ableiteinrichtungen gegen das elektrische Feld des Blitzstromes abschirmen („Faradayscher Käfig").

Schutz bei kurzzeitigen (transienten) Überspannungen infolge atmosphärischer Einflüsse oder von Schaltvorgängen

Nach DIN VDE 0100-443 sind Überspannungs-Schutzeinrichtungen erforderlich, wenn kurzzeitige Überspannungen (z. B. Blitzeinschläge, eigenerzeugte Schaltüberspannungen, Freileitungsversorgung) Auswirkungen haben können auf

- Ansammlungen von Personen (z. B. in großen Wohngebäuden, Büros, Schulen)
- Einzelpersonen (z. B. in Wohngebäuden und kleinen Büros, wenn in diesen Gebäuden Betriebsmittel der Überspannungskategorie I oder II installiert werden. Derartige Betriebsmittel sind beispielsweise elektrische Haushaltsgeräte, tragbare Werkzeuge und empfindliche elektronische Geräte.
  Überspannungsschutz ist in allen Gebäuden ab 14.12.2018 verpflichtend.

- Der äußere Blitzschutz besteht im Wesentlichen aus Anlagenteilen außerhalb eines Gebäudes, die den Blitzstrom auffangen und in die Erde ableiten sollen.

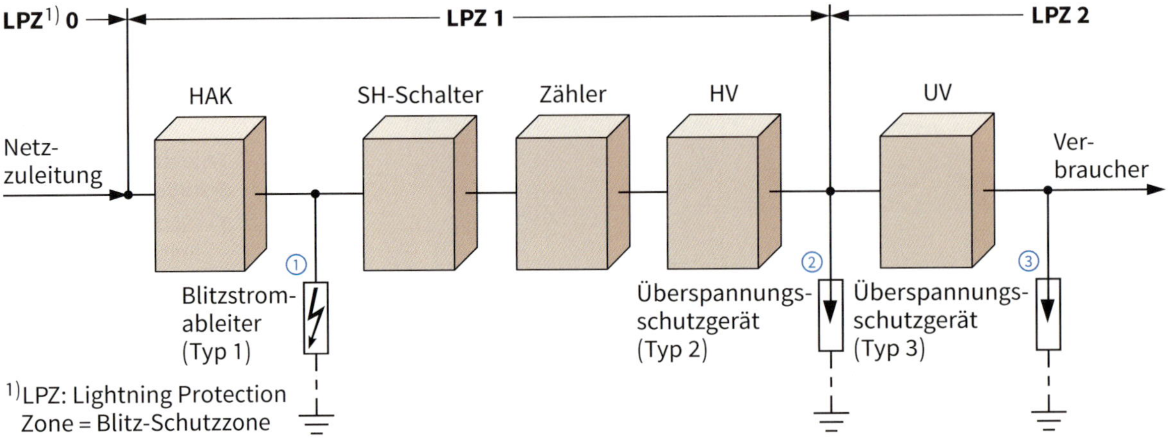

1: Innerer Blitzschutz

Was ist innerer Blitzschutz?

Durch den Blitzstrom entstehen starke magnetische Felder. Durch Induktion werden **Überspannungen** in benachbarten Leitungen erzeugt. Deshalb müssen zum Schutz in Anlagen Vorrichtungen getroffen werden, die als innerer Blitzschutz bezeichnet werden. In Abb. 1 sind die Stellen gekennzeichnet, wo Blitzstromableiter und Überspannungsschutzgeräte (**SPD**, **S**urge **P**rotective **D**evices) installiert werden müssen.

Typenklassen von Schutzgeräten

Die Schutzgeräte werden entsprechend den Anforderungen und Belastungen an den Installationsstellen in die Typenklassen 1, 2 und 3 unterteilt.

- **Typ 1: Blitzstromableiter**
  - Höchste Anforderung hinsichtlich des Ableitvermögens; Einsatz an der Schnittstelle der **Blitz-Schutzzonen** 0 bis 1, also hinter der Eintrittsstelle der Energieleitung des VNB (HAK) ①.
  - Belastbarkeit durch Blitz-Teilströme, die mehrmals zerstörungsfrei geführt werden können.
  - Begrenzen das Eindringen von Blitzströmen in die elektrische Anlage eines Gebäudes.
- **Typ 2: Überspannungsschutzgerät**
  - Einsatz an der Schnittstelle der Blitz-Schutzzone 1 bis 2; Schutz vor Überspannungen in der elektrischen Anlage ②.
  - Ableitvermögen von mehr als 10 kA in 8/20 µs. Installation hinter der Hauptverteilung und vor der Fehlerstrom-Schutzeinrichtung (RCD).
- **Typ 3: Überspannungsschutzgerät**
  - Installation in Blitz-Schutzzone 2.
  - Ableiten von Überspannungen③, die zwischen Außenleiter und N-Leiter auftreten und meistens durch Schalthandlungen verursacht werden.
  - Installation nahe dem zu schützenden Endgerät.

- **Blitzstromableitung**
  Diese erfolgt zwischen der Energieleitung des VNB im TT- und TN-System und dem Zähler zur Haupterdungsschiene (Abb. 2 ④). Die Vorzählerinstallation ist vom Gerätetyp abhängig und muss von dem VNB freigegeben werden.
- **Blitzschutz-Potenzialausgleich**
  Er besteht aus der Verbindung aller voneinander getrennten metallenen Teilen der Anlage mit dem Blitzschutzsystem. Der Blitzschutz-Potenzialausgleich wird durch direkten Anschluss an die Haupterdungsschiene hergestellt ⑤. In Abb. 3 sind diese und andere Anschlüsse an die Haupterdungsschiene dargestellt.

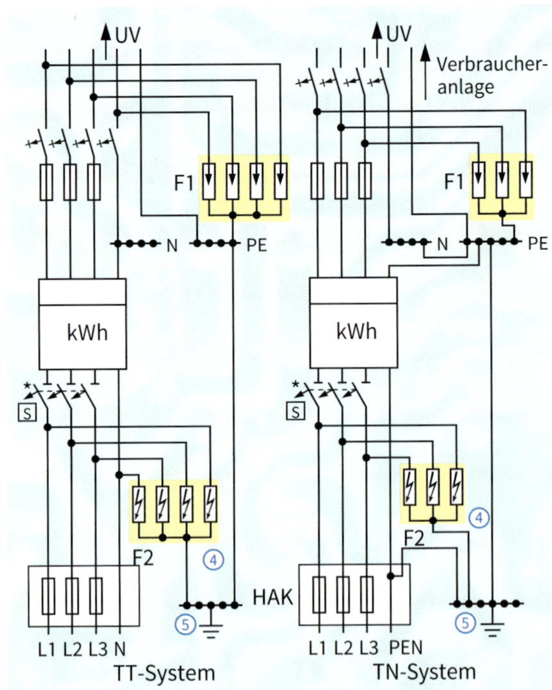

2: TT- und TN-Systeme mit Überspannungsschutz

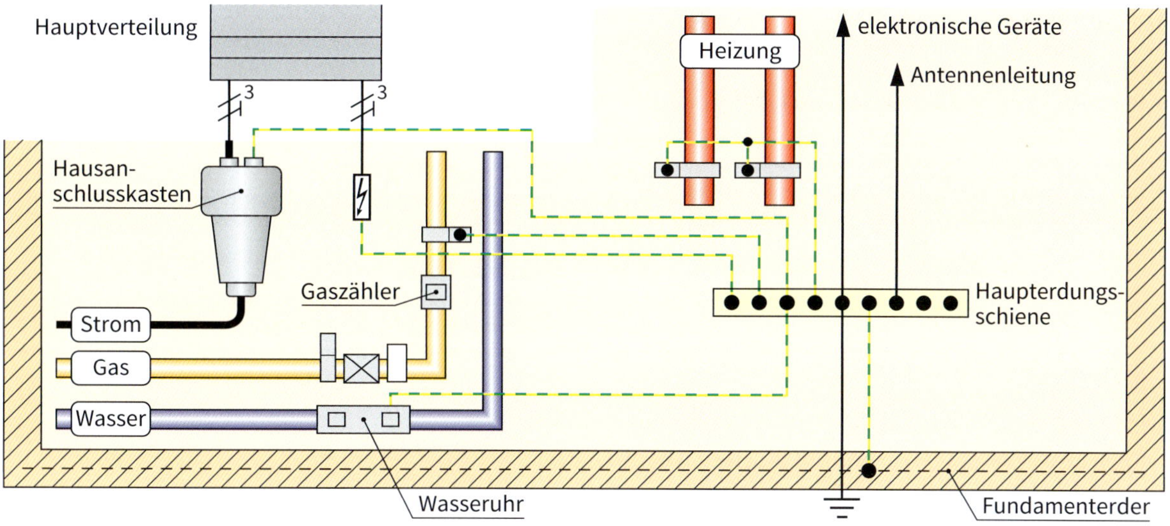

3: Blitzschutz- und Schutzpotenzialausgleich

Wo werden Überspannungsschutzgeräte eingebaut?

Die Schutzgeräte müssen vor den elektrischen Verbrauchern eingebaut werden. Dadurch wird erst die Ableitung der durch Überspannungen entstehenden Ströme über die Erdungsanlage ins Erdreich möglich.

Die Ableiter bestehen aus spannungsabhängigen Widerständen (VDR), deren Widerstandswert sich mit der Höhe der Spannung verringert. Bei hohen Spannungen stellen die Ableiter dann einen Kurzschluss her. Nachgeschaltete Elektrogeräte werden dadurch geschützt. Die Abb. 4 zeigt die Installation der Überspannungsschutzgeräte ① vor den LS-Schaltern in einer Unterverteilung.

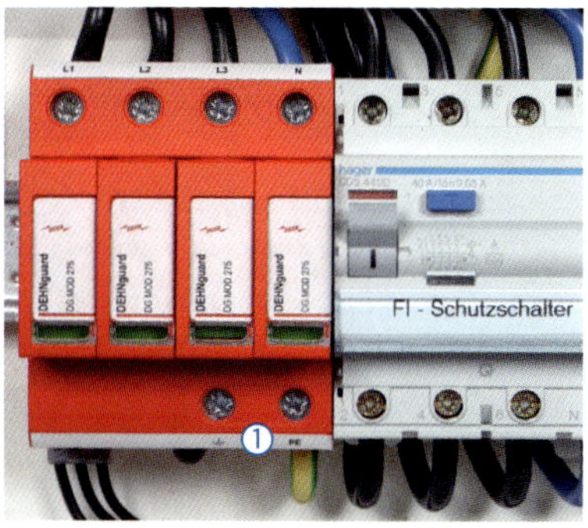

4: Überspannungsschutzgeräte in der Unterverteilung

Diese Überspannungsschutzgeräte werden als **Einbaugeräte** verwendet. Sie befinden sich an dem LPZ-Übergang von 1 nach 2. Die Restgröße einer vorgelagerten Überspannung wird dadurch weiter abgebaut. Die Geräte können auch direkt einem bestimmten Elektrogerät zugeordnet werden.

Überspannungsschutzgeräte werden in den Leitungszug des zu schützenden Gerätes eingebaut. Sie können angeschlossen werden

- in Verteilern,
- in Steckdosen oder
- als Steckereinsatz.

Anwendungen

Elektronische Bauteile sind sehr empfindlich gegen Überspannungen. Sie müssen deshalb besonders durch Überspannungsschutzgeräte geschützt werden. Der Einbau solcher Geräte kann z. B. in folgenden Anlagen erfolgen:

- EDV- und Photovoltaik-Anlagen
- Mess-, Steuer- und Regelanlagen

Befinden sich in elektrischen Anlagen Fehlerstrom-Schutzeinrichtungen (RCD), dann müssen Blitzstromableiter (Typ 1) und Überspannungsschutzgeräte (Typ 2) **vor der RCD** installiert werden.

Dadurch wird folgendes erreicht:

- Die RCD kann den abgeleiteten Stoßstrom gegen PE nicht als Fehlerstrom erfassen.
  ⇒ Der Stromkreis wird nicht unterbrochen.
- Hohe Blitzteilströme, die über den Blitzstromableiter zur Erdungsanlage abfließen, beeinflussen die RCD nicht.
  ⇒ Die RCD wird nicht zerstört.

- Der innere Blitzschutz umfasst Blitzstromableiter und Überspannungsschutzgeräte.
- Schutz gegen Überspannungen besteht durch spannungsabhängige Widerstände, d. h. Ableiter.

Aufgaben

1. Welche Gebäude müssen einen äußeren Blitzschutz haben?
2. Nennen Sie sechs Teile, die zum äußeren Blitzschutz gehören!
3. Nennen Sie Teile des inneren Blitzschutzes!

Wie wird geprüft und gewartet?

Bei der **Prüfung** von Blitzschutzanlagen ist laut DIN EN 62305-3 festzustellen, dass
- der Zustand des Blitzschutzsystems (LPS) normgerecht ist,
- keine Korrosionen vorhanden sind und
- bauliche Erweiterungen in das LPS einbezogen sind.

Die Prüfungen (Abb. 1) erfolgen durch Besichtigen und Messen.

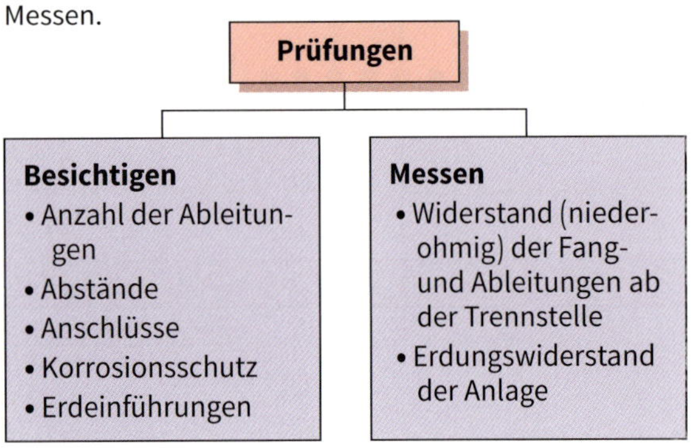

1: Übersicht

Die Prüfungen umfassen folgende Bereiche:
- **Baubegleitende Prüfungen**
  Sie erstrecken sich auf die Bereiche des Blitzschutzsystems, die nach Abschluss der Bautätigkeiten nicht mehr zugänglich sind. Dazu gehören
  - Fundamenterder mit Erdungsbändern und Klemmstellen,
  - Bewehrungsanschlüsse, Ableitungen und deren Verbindungen, die im Beton verlegt werden.
- **Abnahmeprüfung**
  Wenn die Arbeiten am Blitzschutzsystem beendet sind, müssen
  - der normgerechte Schutz und
  - die handwerkliche Ausführung geprüft werden.
- **Zusatzprüfungen**
  Diese Prüfungen sind erforderlich, wenn an der baulichen Anlage Erweiterungen und Reparaturen vorgenommen wurden. Sie müssen durchgeführt werden, wenn in das Gebäude ein Blitzeinschlag erfolgte.
- **Wiederholungsprüfungen**
  Sie dienen dazu, die Wirksamkeit des Blitzschutzsystems zu gewährleisten. Diese Prüfungen sind in regelmäßigen Abständen durchzuführen (Abb. 2).

Nach DIN EN 62305-2 werden für Blitzschutzsysteme folgende vier Blitzschutzklassen mit abnehmendem Gefährdungspegel definiert.

Blitzschutzklasse	Intervall zwischen den vollständigen Prüfungen	Intervall zwischen den Sichtprüfungen
I, II	2 Jahre	1 Jahr
III, IV	4 Jahre	2 Jahre

2: Prüffristen für Prüfungen des LPS

Messen

Hierbei wird die **Durchgängigkeit** von Verbindungen gemessen, z. B.
- die Anschlüsse der Fangeinrichtungen, Ableitungen und Schutzpotenzialausgleichsleitungen (Richtwert: $R < 1\ \Omega$) sowie
- der Übergangswiderstand zur Erdungsanlage (Richtwert: $R_{Ü} < 1\ \Omega$).

Dokumentation

Für jede Prüfung des Blitzschutzsystems muss ein Bericht verfasst werden. Dieser ist beim Anlagenbetreiber zu hinterlegen. Im Prüfbericht muss neben den allgemeinen Angaben zum Anlagenbetreiber u. a. Folgendes beschrieben sein:
- **Bauliche Anlage**
  - Standort, Nutzung, Bauart
  - Art der Dacheindeckung und Blitzschutzklasse
- **Blitzschutzsystem**
  - Verwendete Werkstoffe und Leiterquerschnitte
  - Zahl der Ableitungen mit Angabe (z. B. Nummer) der Trennstellen
  - Art der Erdungsanlage, z. B. Fundamenterder
  - Ausführung des Blitzschutz-Potenzialausgleichs zu den metallenen Gebäudeteilen und zu der Haupterdungsschiene

Wartung

Die Häufigkeit der regelmäßigen Prüfungen und Messungen muss mit dem Anlagenbetreiber abgestimmt werden.
Folgende Faktoren sind zu beachten:
- Witterungseinflüsse, z. B. häufige Gewitter
- Einwirkungen von direkten Blitzeinschlägen mit möglichen Beschädigungen
- Festgelegte Blitzschutzklasse, z. B. häufigere Wartung bei den Blitzschutzklassen I und II.

Auch die **Wartungsarbeiten** müssen dokumentiert werden. Genauere Angaben zum Umfang des Wartungsprogramms sind in der DIN EN 62305-3 festgelegt.

- Der Blitzschutz wird durch die erforderlichen Prüfungen während des Errichtens und nach äußeren Einflüssen, z. B. Blitzeinschlag, gewährleistet.
- In regelmäßigen Abständen sind in Blitzschutzanlagen Wiederholungsprüfungen erforderlich.

Aufgaben

1. Beschreiben Sie kurz vier Arten von Prüfungen, die in Blitzschutzanlagen durchgeführt werden müssen.
2. Begründen Sie, warum die Wartung von Blitzschutzanlagen erforderlich ist.

2.6 Schutzarten

Elektrische Betriebsmittel müssen so gebaut sein, dass für die bedienende Person keine Gefahr und für das Gerät kein Schaden durch äußere Einflüsse entstehen kann. Wir können uns die **Schutzfunktionen** des Gehäuses folgendermaßen vorstellen:

Schutzfunktion des Gehäuses

Berührungsschutz	Fremdkörperschutz	Wasserschutz
• Spannung führende Leiter, z. B. L1 • drehende Teile, z. B. Motor	• Eindringen fester Körper • Schutz vor Staub	• Tropfwasser • Sprühwasser • Spritzwasser • Strahlwasser

Die Hersteller kennzeichnen den **Sicherheitszustand** der Betriebsmittel durch bestimmte Zeichen. Einige dieser Zeichen wie z. B. für die Schutzklassen I, II, III kennen wir bereits (vgl. Kap. 1.5). Weitere Zeichen beschreiben

- Berührungs-, Fremdkörper- und Wasserschutz,
- Sicherheit durch Brandschutz,
- Geräteschutz und Leitungsschutz.

Bei den Schutzarten kennzeichnen Ziffern deren Wirksamkeit (Grad). Diese nimmt mit aufsteigender Ziffer zu. Der Schutzgrad wird auf dem Typenschild des elektrischen Betriebsmittels angegeben.

Schutzarten für Betriebsmittel (DIN EN 60529)

Kennzeichen	1. Ziffer Fremdkörperschutz	2. Ziffer Wasserschutz
IP00	ungeschützt	ungeschützt
IP11	Körper ≥ 50 mm	Tropfwasser, senkrecht
IP20	Körper ≥ 12 mm	ungeschützt
IP22	Körper ≥ 12 mm	Tropfwasser, 15° zur Senkrechten
IP33	Körper ≥ 2,5 mm	Sprühwasser
IP40	Körper ≥ 1 mm	ungeschützt
IP50	staubgeschützt	ungeschützt
IP54	staubgeschützt	Spritzwasser
IP55	staubgeschützt	Strahlwasser
IP65	staubdicht	Strahlwasser
IPX7	–	wasserdicht, eintauchbar
IPX8	–	druckwasserdicht, untertauchbar ..m

Die **Schutzart** wird durch folgenden **IP**-Code gekennzeichnet:

IP55

Kennbuchstaben für **I**nternational **P**rotection

1. Kennziffer 0 bis 6 für Berührungs- und Fremdkörperschutz z. B. 5 = vor Staub geschützt
2. Kennziffer 0 bis 8 für Wasserschutz, z. B. 5 = gegen Strahlwasser geschützt

Beispiel:

Dieses Zeichen gibt an, dass die Leuchten

- den Anforderungen der europäischen Prüfstellen entsprechen (hier 10 = Nummer der Prüfstelle),
- die Brandschutzmaßnahmen und
- die Bestimmungen der Arbeits- und Unfallverhütungsvorschriften eingehalten werden.

Für Beleuchtungsanlagen und die Auswahl von Leuchten müssen beachtet werden:

- zulässige Gebrauchslage,
- Brandverhalten des verwendeten Materials und der Montageflächen (vgl. folgende Tab.),
- Mindestabstand zu brennbaren Materialien.

Bei der Errichtung elektrischer Anlagen sind die Betriebsmittel so auszuwählen und zu installieren, dass bei normalem Betrieb und im Fehlerfall kein Brand entstehen kann.

Kennzeichnung von montierten Leuchten auf brennbaren Gebäudeteilen (DIN EN 60589-1)

Art der Leuchte	Einsatzort	Zeichen
Anbauleuchte	direkte Montage auf normal entflammbaren Baustoffen	keine Kennzeichnung
	keine direkte Montage auf normal entflammbaren Baustoffen	
Einbauleuchte	direkte Montage auf normal entflammbaren Baustoffen, Wärmedämmung auf der Leuchte möglich	keine Kennzeichnung
	direkte Montage auf normal entflammbaren Baustoffen, keine Wärmedämmung auf der Leuchte möglich	No Insulation 
	keine direkte Montage auf normal entflammbaren Baustoffen	
	keine Wärmedämmung auf der Leuchte	No Insulation 

2.7 Kühlungs- und Isolationsarten

Bei Energieumwandlungen in Geräten, z. B. Reibung, entsteht als Verlustenergie Wärme. Diese kann auf verschiedene Art über die Kühlung nach außen abgeführt werden. Die Grenztemperatur der Isolierstoffe darf dann nicht erreicht werden.

Kühlungsarten

Selbstkühlung
- durch Strahlung, ohne Verwendung eines Lüfters

Eigenkühlung
- durch einen Lüfter, der vom Läufer angetrieben wird

Fremdkühlung
- durch einen extern angetriebenen Lüfter oder durch ein Kühlmittel wie Wasser oder Gas

Nach der Kühlungswirkung unterscheidet man

- **Innenkühlung**, die Luft durchströmt das Innere der Betriebsmittelgeräte und führt die erzeugte Wärme ab,
- **Oberflächenkühlung**, hierbei wird die Wärme außen von der Oberfläche der Maschine an das Kühlmittel abgegeben,
- **Flüssigkeits- oder Gaskühlung**, Teile der Maschine werden von dem Kühlmittel durchströmt, sodass Wärme abgeführt wird,
- **Kreislaufkühlung**, hier wird die Wärme über Kühlmittel abgeleitet, das über einen Kreislauf die Maschine und den Wärmetauscher durchfließt.

Die Kühlung wird durch einen Code mit der Angabe **IC** (**I**nternational **C**ooling) gekennzeichnet.

Beispiel:

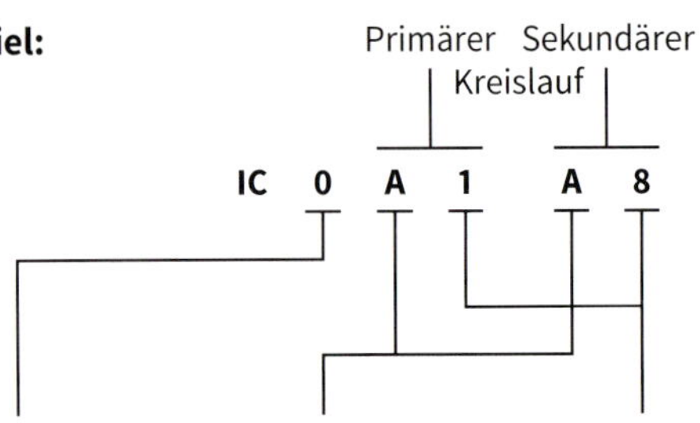

Anordnung des Kühlkreises
- 0: freier Kühlkreis, d. h. Belüftung über Durchzug
- 1: Kühlkreis mit Zuführung über Rohr oder Kanal
- 2: Kühlkreis mit Abführung über Rohr oder Kanal
- 4: Oberflächenbelüftung
- 8: Wasserkühlung

Art des Kühlmittels
- A: Luft
- H: Wasserstoff
- N: Stickstoff
- C: Kohlendioxid
- W: Wasser

Bewegungsart des Kühlmittels
- 0: freie Kühlung
- 1: Eigenkühlung
- 5: Fremdlüfter mit eigenem Antrieb
- 8: Antrieb durch Bewegung (Fahrmotor)

Eine **Isolierungsart** (Schutzisolierung) zum Schutz bei indirektem Berühren für elektrische Geräte kennen wir bereits (vgl. Kap. 1.9.1). Werden Geräte wie z. B. Motoren längere Zeit unter Volllast betrieben, dann erwärmen sie sich. Dabei nimmt auch die Isolation eine höhere Temperatur an. Ist die Isolierung richtig bemessen, bedeutet dies, dass sich die Lebensdauer der Motoren verlängert.

Die Wicklungen von Motoren besitzen meistens Isolierungen mit der **Isolierstoffklasse** E oder B (vgl. Tabelle). Deren zulässige Temperatur wird aber nicht immer erreicht. Dadurch ergibt sich bei kurzzeitigen Überlastungen eine Reserve. Die Isolierstoffklasse ist auf dem Typenschild des Motors angegeben. Die folgende Tabelle zeigt eine Auswahl wichtiger Isolierstoffe.

Klasse	Isolationsmaterialien	Grenztemperatur	Verwendung
Y	Holz, Baumwolle, Seide, Papier, Pressspan, PVC	90 °C	Leitungen
A	Baumwolle, Seide, Papier, Drahtlacke (trocknende Öle)	105 °C	Leitungen, Wicklungen
E	Drahtlacke (Polyvinylacetat), vernetzte Polyester-Harze	120 °C	Wicklungen, Pressteile
B	Glasfaserprodukte, Asbest	130 °C	Wicklungen
F	Glasfaser, Asbest	155 °C	Wicklungen
H	Glasfaser- und Glimmerprodukte, Asbest	180 °C	hitzebeständige Leitungen
C	Glimmer, Porzellan, Glas, Quarz und feuerfeste Stoffe	> 180 °C	Isolatoren, hitzefeste Wicklungen

- Die Kennziffern der Schutzart geben den Grad des Schutzes gegen Berührung, Fremdkörper und Wasser an.
- Bei der Auswahl von Motoren muss die Kühlung berücksichtigt werden.
- Durch die Isolierstoffklasse wird die Grenztemperatur festgelegt.

Aufgaben

1. Ein Betriebsmittel soll gegen das Eindringen von Fremdkörpern ≥ 12 mm und gegen senkrechtes Tropfwasser geschützt werden. Benennen Sie das Schutzart-Kennzeichen!
2. Eine Leuchte soll in einer feuergefährdeten Betriebsstätte (vgl. Kap. 2.4.2) installiert werden. Welche Zeichen muss die ausgewählte Leuchte tragen?
3. Beschreiben Sie drei verschiedene Wirkungsweisen der Kühlung!
4. Welche Bedeutung hat die Angabe der Isolierstoffklasse E auf dem Typenschild eines Motors?

2.8 Motorschutz

Am Beispiel des Motorschutzes sollen die Schutzfunktionen eines **Motorschutzschalters** und **Motorschutzrelais** erklärt werden.

Beispiel:

Eine Drehbank wird von einem Drehstrommotor angetrieben. Durch Überlastung wurde der Motor unzulässig hoch erwärmt. Der Leitungsschutz-Schalter löste nicht aus, der Motorschutzschalter löste verzögert aus. Wie ist dies zu erklären?

Erklärung:

- Vorgeschaltete Sicherungen (bei größeren Motoren Schmelzsicherungen oder Leitungsschutz-Schalter) lösen nur bei großen Strömen aus. Bei Überlastung lösen sie nicht sofort aus. Ein Motorschutz ist also durch diese Schutzgeräte nicht gewährleistet.
- Der Motorschutzschalter war falsch eingestellt und hat bei Überlastung des Motors nicht sofort abgeschaltet.

Wenn Motoren unter Volllast über eine längere Zeit in Betrieb sind, erwärmen sie sich. Weiterhin nehmen sie bei einer Belastung, die größer als die Bemessungsleistung ist, einen größeren Strom auf. Dieser hat ebenfalls eine Erwärmung zufolge. Folgende Größen müssen also überwacht werden:

- die **Motortemperatur**, d. h. die Temperatur der Wicklung, und
- die **Stromstärke**, die der Motor aufnimmt.

Schutzfunktion des Motorschutzschalters

Die Motorschutzschalter (Abb. 1) sind ähnlich wie die Leitungsschutz-Schalter aufgebaut. Sie können auch zum Ein- und Ausschalten eines Motorstromkreises verwendet werden. Motorschutzschalter lösen aus:

- **Thermische Auslöser** (Bimetallauslöser) bei Überlastung verzögert,
- **Elektromagnetische Auslöser** bei sehr hoher Stromstärke sofort.

Bei Motoren mit kleinen Bemessungsstromstärken (bis ca. 4 A) gewährleisten Motorschutzschalter auch Schutz bei Kurzschluss. Sie sind kurzschlussfest und benötigen dann keine Vorsicherung (Herstellerangaben beachten).

Größere Motoren müssen durch **vorgeschaltete Schmelzsicherungen** oder **Leitungsschutz-Schalter** gegen Kurzschluss geschützt werden. Bei der Installation ist darauf zu achten, dass mit Hilfe der **Einstellschraube** die jeweilige Bemessungsstromstärke des Motors eingestellt wird. Je nach Schalter-Typ gibt es z. B. folgende Einstellbereiche:

- 0,16 A bis 0,25 A (Abb. 1),
- 1,6 A bis 2,5 A,
- 4,0 A bis 6,3 A.

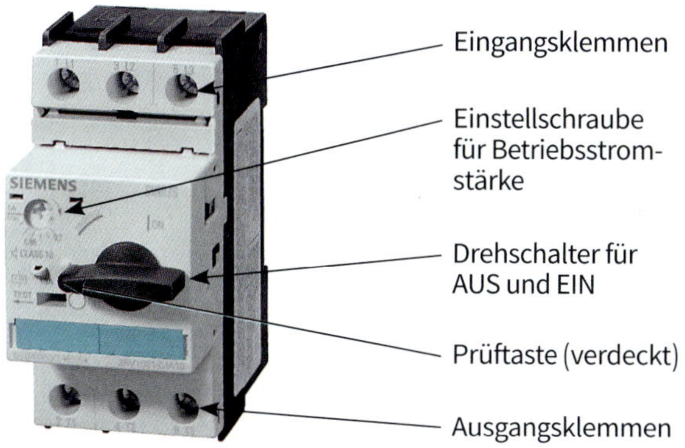

1: Motorschutzschalter mit Drehschalter

Wirkungsweise des Motorschutzschalters

Fließt als Folge einer Überlastung oder Unterbrechung eines Außenleiters ein zu hoher Strom, dann schaltet das Bimetall ① den Motor ab. Das Wiedereinschalten ist dann erst nach Abkühlen des Bimetalls möglich.

Der elektromagnetische Auslöser ② kann so eingestellt werden, dass bei einem **Vielfachen des Bemessungsstromes,** z. B. nach weniger als 10 ms (Auslöseklasse 10), abgeschaltet wird. Hierbei sind die Angaben des Herstellers von Motorschutzschaltern zu beachten.

Anschluss von Drehstrommotoren

In Abb. 2 ist die Schaltung eines Drehstrommotors mit Motorschutzschalter dargestellt. Die oberen Anschlussklemmen werden mit dem Drehstromnetz, die unteren Klemmen mit dem Drehstrommotor verbunden.

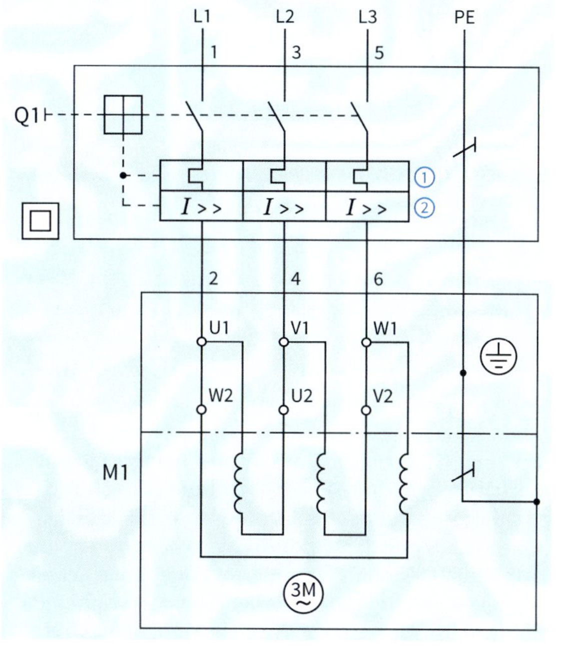

2: Drehstrommotor mit Motorschutzschalter

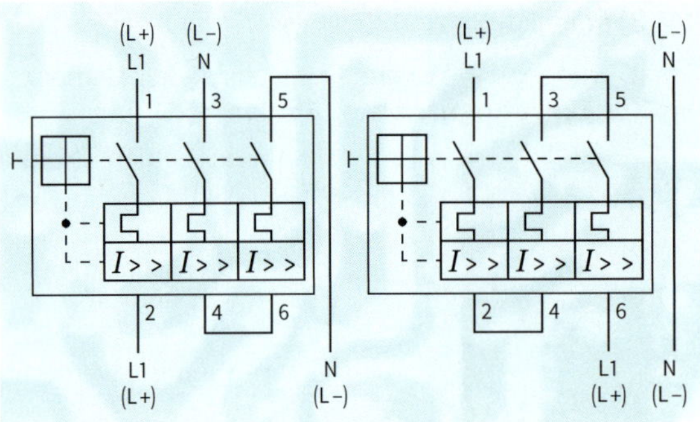

1: Zweipoliger Anschluss von dreipoligen Motorschutzschaltern

Anschluss von Einphasenmotoren

Dreipolige Motorschutzschalter können auch zum Motorschutz von Einphasen- und Gleichstrommotoren eingesetzt werden. Dafür sind die Schaltungen nach Abb. 1 möglich. Der Motorstrom durchfließt dann die „in Reihe“ geschalteten Bimetalle.

Was sind Motorschutzrelais?

Motoren werden auch durch Schütze gesteuert. Dies sind elektromagnetische Schalter, die über Taster betätigt werden. Zum Motorschutz werden dann Motorschutzrelais ① verwendet (Abb. 2). Sie können einzeln an einem Sockel ② oder direkt am Leistungsschütz ③ angebaut werden.

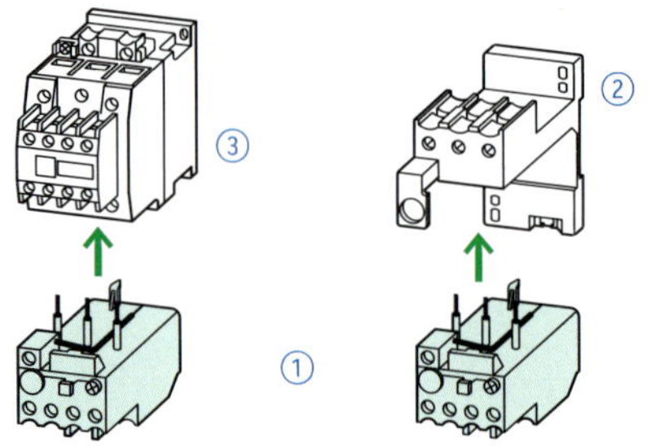

2: Anbau eines Motorschutzrelais

Auch hier wird der Motorstrom über **Bimetallstreifen** geführt, die bei Überlastung den Motorstromkreis unterbrechen. Motorschutzrelais übernehmen nur **Überstromschutz**. Die Bemessungsstromstärke wird auch hier an einer Stellschraube eingestellt. Zum Kurzschlussschutz müssen Sicherungen vorgeschaltet werden.

Motoren werden also durch stromabhängige Motorschutzschalter bzw. Überstromrelais geschützt. Einen weiteren Schutz bieten **temperaturabhängige Schutzeinrichtungen** wie z. B. Temperaturfühler mit Auslösegeräten. Sie schützen den Motor gegen unzulässig hohe Erwärmung der Wicklung. Diese kann durch Überlast, erhöhte Kühlmitteltemperatur oder hohe Schalthäufigkeit hervorgerufen werden. Um auch hier einen Motorschutz zu erreichen, wird der **Motorvollschutz** angewendet.

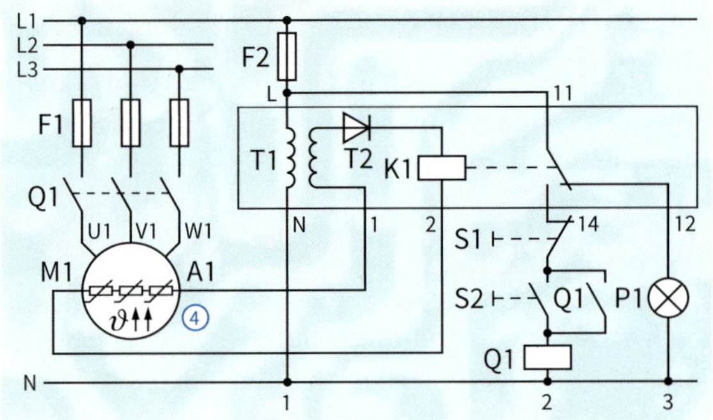

3: Schützschaltung eines Drehstrommotors mit Motorvollschutz

Wie wird der Motorvollschutz erreicht?

Um die Temperatur der Motorwicklung zu überwachen und damit ein Durchbrennen zu verhindern, werden temperaturabhängige Widerstände eingesetzt. Das sind **PTC-Widerstände oder Thermistoren**. Sie haben die Eigenschaft, dass sich ihr Widerstand bei Temperaturerhöhung vergrößert. Dadurch verkleinert sich die Stromstärke im Stromkreis mit dem PTC-Widerstand ④.

Die Kaltleiter-Temperaturfühler werden in die Wicklungen des Motors eingebaut (Abb. 3). Dadurch wird deren Temperatur direkt überwacht.

Der Motor wird über den Taster S2 des **Steuerstromkreises** (Strompfad 2) eingeschaltet, über den Selbsthaltekontakt des Schützes Q1 gehalten und über den Wechsler von K1 gesteuert. Die Kontrollleuchte H1 im Strompfad 3 zeigt die Störung (ausgeschalteter Zustand) an. Über den Strompfad 1 mit der Spannungsquelle T1, den PTC-Widerständen, der Diode und dem Schütz K1 erfolgt die Überwachung der Wicklung des Motors M1.

- Motorschutzschalter schützen kleinere Motoren gegen Überlast und Kurzschluss, größere Motoren jedoch nur gegen Überlast.
- Motorschutzrelais schützen den Motor gegen Überlast.
- Motorschutzschalter bzw. -relais müssen auf die Bemessungsstromstärke des Motors eingestellt werden.
- Der Motorvollschutz wird durch Temperaturfühler gewährleistet, die in die Wicklungen eingebaut sind.

Aufgaben

1. Warum können Sicherungen keinen Motorschutz übernehmen?
2. Beschreiben Sie die Wirkungsweise des thermischen Überstromauslösers!
3. Welche Funktion hat die Stellschraube bei Motorschutzschaltern und Motorschutzrelais?

2.9 Entstörung elektrischer Betriebsmittel

Beim Betrieb elektrischer Betriebsmittel wie z. B. einer Bohrmaschine oder eines Staubsaugers kann es zu Störungen beim Rundfunk- oder Fernsehempfang kommen. Wodurch werden diese Störungen, die man als **Funkstörungen** bezeichnet, hervorgerufen?

Funkstörungen entstehen durch

- elektrische Vorgänge in der Natur bei atmosphärischen Entladungen (Gewitter) und
- durch elektrische Vorgänge z. B. beim Ein- und Ausschalten von Leuchtstofflampen und Wechselstrommotoren, die in vielen Haushaltsgeräten und handgeführten Elektrowerkzeugen vorkommen.

Beispiel:

Eine Bohrmaschine wird durch einen Universalmotor angetrieben. Der Strom fließt von der Ständerwicklung über die Kohlebürsten und den Stromwender zu der Läuferwicklung. Bei Drehung des Läufers entstehen zwischen Kohlebürsten und Stromwender Funken. Diese machen sich als Funkstörung bemerkbar und breiten sich über die Netzleitung und über die Luft wie Funkwellen aus.

Ergebnis:

Die Funkstörungen machen sich beim Radio- und Fernsehempfang als „Knattern“ unangenehm bemerkbar.

4: Funkentstörkondensator

Nach VDE 0875-11 müssen Elektrogeräte, die Störspannungen erzeugen, funkentstört werden (Abb. 5). Dies wird auf dem Typenschild durch das **Funkschutzzeichen** mit oder ohne Angabe des Funkstörgrades gekennzeichnet. Hierbei steht z. B. das Zeichen N für normalentstört in Wohnbereichen und G für grobentstört in Industrieanlagen.

5: Funkentstörung an einer Schleifmaschine

Wie können Funkstörungen beseitigt werden?

Funkstörungen werden durch zusätzliche Bauelemente wie **Kondensatoren** (Abb. 4), **Spulen und Widerstände** vermindert. Schaltet man z. B. Kondensatoren parallel zur Störspannungsquelle, dann wird diese fast kurzgeschlossen, weil der Widerstand des Kondensators bei hoher Frequenz sehr klein ist. In Abb. 6 ist eine Schaltung mit Drosselspulen und Kondensatoren dargestellt, mit der eine fast vollständige Entstörung erreicht wird. Zur Entstörung dürfen nur spezielle Funkentstörkondensatoren (DIN VDE 0565-1) verwendet werden. Es gibt Entstörkondensatoren der

- **Klasse X** ①, die parallel zum Netz angeschlossen werden (X1 für Spitzenspannung $u_{max} \geq 1200$ V; X2 für $u_{max} < 1200$ V),
- **Klasse Y** ②, die zwischen den Leitungen des Netzes und dem Schutzleiter liegen (Abb. 6).

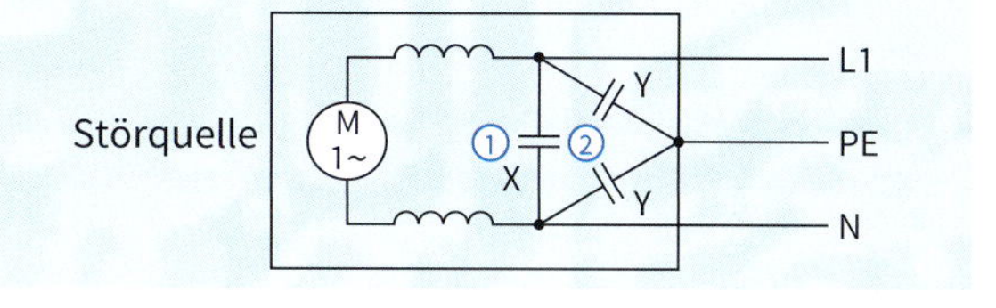

6: Funkentstörung am Wechselstrommotor

Störspannungen treten auch an anderen elektrischen Bauteilen auf, wie z.B.

- bei Schaltern und Temperaturreglern,
- in Startern von Leuchtstofflampen sowie
- beim Einsatz von Thyristoren und Triacs zur Helligkeitssteuerung.

So entsteht beim Öffnen eines Stromkreises durch einen Schalter ein Lichtbogen bzw. Funke, der eine Störquelle darstellt. Er kann durch folgende Schaltungen (Abb. 7) gelöscht werden:

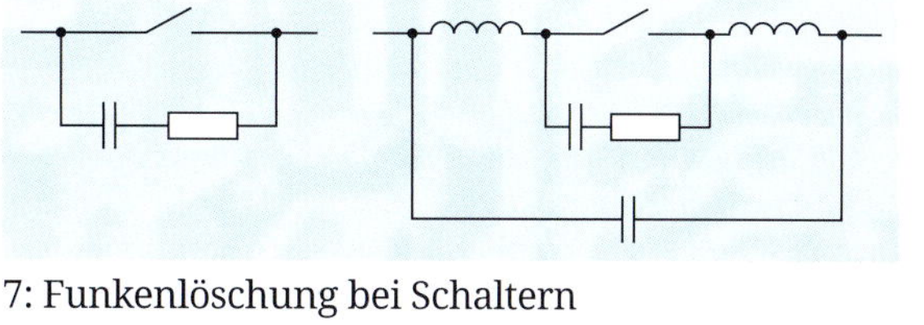

7: Funkenlöschung bei Schaltern

- Funkstörungen entstehen durch hochfrequente Wechselspannungen, die über Netzleitungen und durch die Luft übertragen werden.
- Funkentstörung kann durch Schaltungen mit Kondensatoren, Spulen und Widerständen erreicht werden.

Aufgaben

1. Wie können Funkstörspannungen entstehen?
2. Erklären Sie, warum mit Kondensatoren Funkstörspannungen nahezu beseitigt werden können!

2.10 Schutz in PV-Anlagen

PV-Anlagen auf Dächern und Freiflächen sowie Inselanlagen müssen gegen Blitzeinschlag geschützt werden (vgl. DIN EN 62305). Dazu wird ein **Blitzschutz- Potenzialausgleich** installiert. Er wird durch die Verbindung aller Metallteile der Gebäude, Metallrohre und Leitungen hergestellt. Verschleppung von Überspannungen, z. B. verursacht durch Blitzeinschlag, wird durch den Trennungsabstand *s* zwischen der PV-Anlage und der Blitzschutzanlage verhindert (Abb. 1).

Bei den Anlagen wird folgendermaßen unterschieden:

- **ohne Blitzschutz**
  bei PV-Anlagen auf niedrigen Gebäuden
- **mit gemeinsamem Potenzialausgleich**
  bei kleinen Dachflächen und kleinerem Trennungsabstand
- **mit getrenntem Potenzialausgleich**
  bei großen Dachflächen und großem Trennungsabstand

Getrennter Blitzschutz-Potenzialausgleich

Bei **großem Abstand** zwischen PV-Anlage und Fangspitzen der Blitzschutzanlage sind folgende Bedingungen einzuhalten:

- Trennungsabstand *s* ①
- Verhinderung von Funkenbildung bei Blitzeinschlag auf die PV-Anlage.
  Alle Metallteile ② müssen über die Potenzialausgleichsschienen ③ mit der Haupterdungsschiene (HES) verbunden sein.
- Fangeinrichtungen der Blitzschutzanlage müssen über Ableitungen ($q \geq 16$ mm²) mit dem Fundamenterder verbunden sein (**Funktionserdung**).
- HES muss über die **Potenzialausgleichsleitung** mit dem Fundamenterder verbunden sein.

Bei **kleinem Abstand** zwischen PV-Anlage und Fangspitzen der Blitzschutzanlage gilt Folgendes:

- Keine Einhaltung des Trennungsabstands
- Keine Verhinderung der Funkenbildung bei Blitzeinschlag auf die PV-Anlage
- Alle metallenen Teile der PV-Anlage auf dem Dach mit der Blitzschutzanlage verbinden.
- Über Ableitungen Verbindung mit dem Fundamenterder herstellen.
- Metallrahmen der PV-Modelle über Potenzialausgleichsleitungen und -ausgleichsschienen mit HES verbinden.
- Leiterquerschnitt: $q \geq 16$ mm² (Cu oder Al)
- HES über **Potenzialausgleichsleitung** mit Fundamenterder verbinden.

Der Trennungs- bzw. Schutzabstand *s* zwischen den PV-Modulen und den Ableitungen zur Erdungsanlage beträgt in der Regel 0,5 m bis 1 m (vgl. DIN EN 62305).

Einen weiteren Schutz gegen Überspannungen bieten Überspannungsschutzgeräte (vgl. Kap. 2.5).

Anlagen ohne Blitzschutz

PV-Anlagen in nicht erhöhten Lagen haben häufig keinen äußeren Blitzschutz. Zum Schutz der PV-Anlage wird in diesem Fall der Potenzialausgleich wie folgt erreicht.

- Alle Metallteile der PV-Anlage werden mit der Potenzialausgleichsschiene (PAS) verbunden.
- Die Schutzerdung des Generatoranschlusskastens (GAK) und des Überspannungsschutzgerätes ist über die PAS mit der HES verbunden. Der Querschnitt der Potenzialausgleichsleitungen beträgt $q \geq 6$ mm² (Cu).
- Die HES wird über die Potenzialausgleichsleitung mit dem Fundamenterder verbunden.

PV-Generator und Wechselrichter

- Über den Generatoranschlusskasten (GAK) mit Überspannungsschutz werden die PV-Modulstränge mit dem Wechselrichter verbunden.
- In Wechselrichtern entsteht Abwärme, diese muss abgeführt werden (z. B. Montage in kühler und trockener Umgebung).

> - In PV-Anlagen auf großen Dachflächen werden zum Blitzschutz alle metallenen Teile mit dem Potenzialausgleichsleiter verbunden.
> - Bei PV-Anlagen ohne äußeren Blitzschutz wird der Überspannungsschutz durch Potenzialausgleich erreicht.

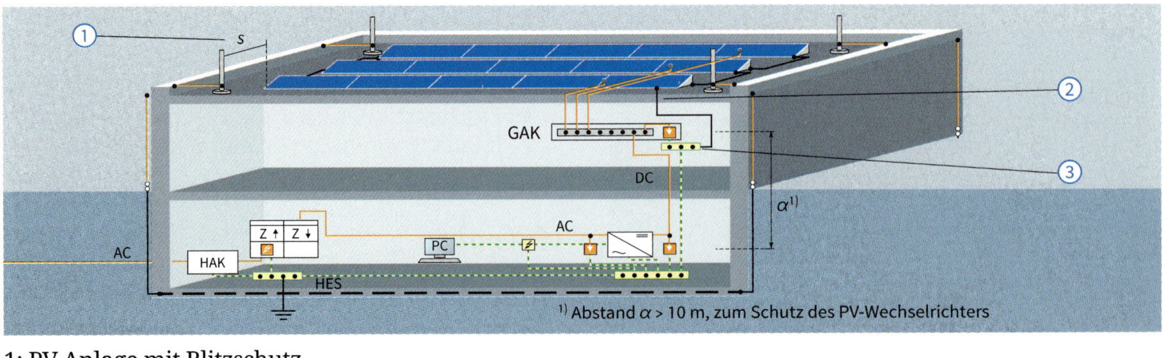

1: PV-Anlage mit Blitzschutz

2.11 Brandschutz

Laut einer Untersuchung des Instituts für Schadensverhütung und Schadensforschung der öffentlichen Versicherer (IFS) ist in etwa einem Drittel der Fälle ein elektrotechnischer Fehler die Ursache für einen Brand. Die **Fehlerlichtbogen-Schutzeinrichtung AFDD** (engl. **A**rc **F**ault **D**etection **D**evice), kurz Brandschutzschalter, stellt für diesen Fehlerfall einen effektiven Schutz dar.

Lichtbögen können eine Temperatur von bis zu 6000 °C erreichen und werden z. B. durch lose Kontaktstellen, gebrochene Leitungen (serielle Lichtbögen) oder beschädigte Kabelisolierungen (parallele Lichtbögen) verursacht.

Einsatzbereiche

Für einphasige Wechselspannungssysteme ist laut DIN VDE 0100-420 der **Einbau in folgenden Bereichen** verpflichtend:

- Alle Räumlichkeiten mit Schlafgelegenheiten, z. B. Hotels, Heime oder Tageseinrichtungen für Kinder, behinderte oder alte Menschen
- Räume und Orte mit
  - einem Feuerrisiko durch verarbeitete und gelagerte Materialien (feuergefährdete Betriebsstätten),
  - brennbaren Baustoffen (Feuerwiderstandsklasse < F30), z. B. in Holzhäusern und
  - Gefährdungen für unersetzbare Güter (z. B. Museum, Bahnhof, Flughafen).

Ferner wird der Einbau empfohlen für Räume mit Schlafgelegenheiten sowie Räume oder Orte mit Feuer verbreitenden Strukturen (z. B. Hochhäuser). Grundsätzlich ist für den Einsatz von AFDDs bei der Planung eine Risiko- und Sicherheitsbewertung erforderlich.

Aufbau und Wirkung des Branschutzschalters

Abb. 2 zeigt den schematischen Aufbau eines Brandschutzschalters.

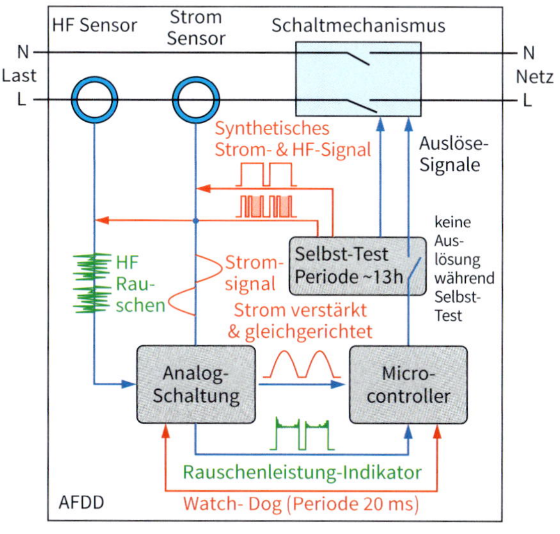

2: Blockschaltbild eines Brandschutzschalters

Die Fehlerlichtbogen-Schutzeinrichtung misst den nieder- und hochfrequenten Anteil des Betriebsstroms über zwei Sensoren. Die nachgeschaltete Elektronik erkennt anhand der charakteristischen HF-Signale, ob der Stromanstieg durch einen Fehlerlichtbogen oder betriebsmäßige Lichtbögen (z. B. Bürstenmotor) hervorgerufen wurde. Die Abschaltung erfolgt nur bei einem echten Fehlerlichtbogen.

Durch einen Selbsttest werden in die interne Elektronik synthetisch generierte HF-Testsignale eingespeist, die einem Fehlerlichtbogen ähneln. Die Auslösung wird während der Testphase unterbrochen. Die unterschiedlichen Betriebszustände (z.B. Fehlerlichtbogen erkannt) können über optische Anzeigen abgelesen werden.

Der Brandschutzschalter darf nicht als Alternative für eine Fehlerstrom-Schutzeinrichtung eingesetzt werden, da er z. B. keine Isolationsfehler erkennt. Eine gesonderte Prüfung des Schalters ist nicht erforderlich.

Bauarten

Gemäß DIN EN 62606 sind drei Bauarten des Brandschutzschalters klassifiziert:

- AFD-Einheit und Ausschaltvorrichtung werden mit einer vom Hersteller angegebenen Schutzeinrichtung in Reihe geschaltet.
- AFDD als eine Einrichtung bestehend aus einer Schutzeinrichtung mit integrierter AFD-Einheit.
- AFDD bestehend aus einer AFD-Einheit und einer vom Hersteller angegebenen Schutzeinrichtung, die vor Ort zusammengebaut werden.

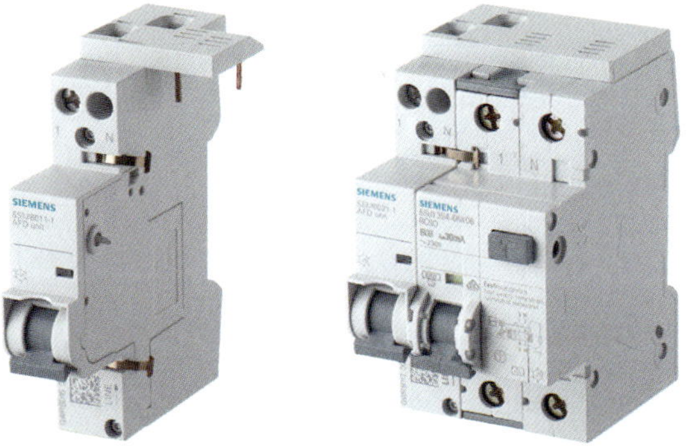

3: a) AFD-Einheit b) AFD-Einheit mit angebautem FI/LS-Schalter

- Brandschutzschalter schützen vor Fehlerlichtbögen (parallele und serielle Lichtbögen), die eine häufige Brandursache sind.
- Der Einbau von Brandschutzschaltern wird gemäß DIN VDE 0100-420 in Räumlichkeiten mit Schlafgelegenheiten, z. B. in Heimen, Tageseinrichtungen und barrierefreien Wohnungen sowie in besonders gefährdeten Räumen und Orten gefordert.

2.12 Energieeffizienz

Kennzeichnung der Energieeffizienz

Die Kennzeichnungspflicht des Energieverbrauchs für Elektrogeräte, z. B. bei Lampen ab 2013, gilt laut EU-Richtlinie 98/11/EG für die Hersteller verbindlich. Nach dieser Verordnung müssen diese je nach Energieverbrauch den Lampen ein Energielabel zuordnen. Dieses befindet sich auf der Verpackung und besteht aus den Energieeffizienzklassen A bis G (Abb. 1). Darin bedeuten

- **grüner Pfeil** → **hohe** Energieeffizienz und
- **roter Pfeil** → **niedrige** Energieeffizienz.

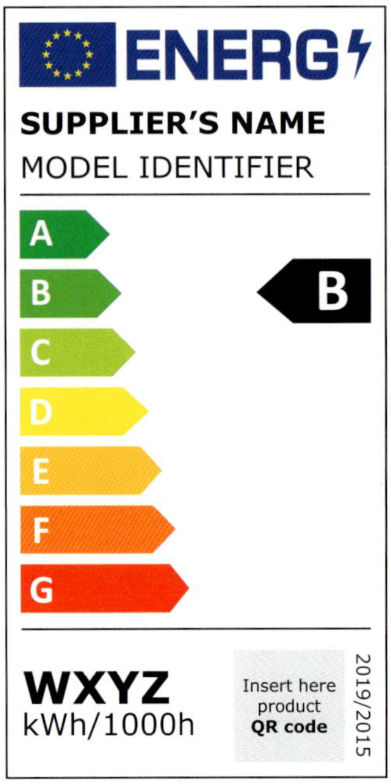

1: Energielabel für Lampen

Nach der EU-Richtlinie 2019/2015 gilt ab 01.09.2021 ein **neues Energielabel** für Lampen mit den Effizienzklassen A bis G. Darin entfällt das bisherige +Zeichen. Bis Anfang 2023 dürfen noch die alten Labels mit den Energieeffizienzklassen A++ (gut) bis E (schlecht) auf den Verpackungen stehen.

Energieersparnis

Eine Energieersparnis kann durch angepasste Beleuchtungsanlagen in Wohn- und Industriebereichen erreicht werden. Dazu gehört die Auswahl von

- **Leuchtmittel**
  Beispiel: Beim Vergleich einer Glühlampe (60 W) mit einer LED-Lampe (10 Watt) und einer Betriebsdauer von 10.000 Stunden ergibt sich eine Kostenersparnis von ca. 125 Euro (kWh-Preis: 25 ct.).
- **Leuchtentypen**
  - Lenkung des Lichtstroms einer Leuchte von einer direkt statt einer indirekt strahlenden Leuchte auf den Arbeitsbereich
  - Verstärkung der Lichtwirkung durch Einbau von Spiegelreflektoren und -rastern statt matter Materialien in Wannenleuchten
- **Lichtsteuergeräte**
  Elektronische Vorschaltgeräte (EVGs) statt verlustarmer Vorschaltgeräte (VVGs).
- **Beleuchtungssteuerungen und -regelungen**
  Einbau von Dimmern, tageslicht- oder anwesenheitsabhängiger Sensoren oder Präsensmeldern.

Wirkungsgrad bei Drehstrommotoren

In der DIN EN 60034-30-1 sind die Klassen für Wirkungsgrade und Energieeffizienz für Drehstrommotoren in der jeweiligen Zuordnung beschrieben. In der Tabelle sind entsprechende Zuordnungen zu Leistung, Polpaarzahl, Wirkungsgrad und Effizienzklasse dargestellt.

- **Effizienzklassen nach DIN**
  - **IE 1**: Standard Efficiency (standard Wirkungsgrad)
  - **IE 2**: High Efficiency (hoher Wirkungsgrad)
  - **IE 3**: Premium Efficiency (premium Wirkungsgrad)
  - **IE 4**: Super Premium Efficiency

  Die Effizienzklasse IE 4 befindet sich zur Zeit noch in einer Abstimmungsphase der Normungsgremien zu IEC 60031.
- **Wirkungsgrade nach Effizienzklassen** (Auswahl)

P_N in kW	**IE 1 Wirkungsgrad in %**			
	$p = 2$	$p = 4$	$p = 6$	$p = 8$
0,75	72,1	72,1	70,0	61,2
1,1	75,0	75,0	72,9	66,5
1,5	77,2	77,2	75,2	70,2
2,2	79,7	79,7	77,7	74,2
	IE 2 Wirkungsgrad in %			
0,75	77,4	79,6	75,9	66,2
1,1	79,6	81,4	78,1	70,8
1,5	81,3	82,8	79,8	74,1
2,2	83,2	84,3	81,8	77,6
	IE 3 Wirkungsgrad in %			
0,75	80,7	82,5	78,9	75,0
1,1	82,7	84,1	81,0	77,7
1,5	84,2	85,3	82,5	79,7
2,2	85,9	86,7	84,3	81,9

Beispiel:

Nur noch hocheffiziente 2 bis 6polige Drehstrom-Asynchronmotoren (IE 2-Klassen) dürfen ab Juni 2011 laut EU-Richtlinien 2005/32/EG gebaut werden. Diese Motoren haben einen Wirkungsgrad, der höher ist als der Wirkungsgrad von Standardmotoren (IE 1-Klasse). Der resultierende Mehrpreis für IE 2-Motoren hat sich nach kurzer Betriebszeit amortisiert.

- Die Energieeffizienz von Leuchten ergibt sich aus der Wahl anlagengerechter Leuchtmittel, Leuchtentypen, Lichtsteuergeräten und Beleuchtungssteuerungen sowie -regelungen.
- Die Energieeffizienz, das heißt größerer Wirkungsgrad bei Drehstrommotoren, ist je nach Bemessungsgröße aus den Effizienzklassen abzulesen.

2.13 Bauproduktenverordnung

Kabel und Leitungen (Strom-, Steuer- und Kommunikationskabel), die **dauerhaft** in Bauwerken verbaut werden, fallen ab 01.07.2017 unter die **Bauproduktenverordnung** EU-BauPVO (EU 305/2011). Davon ausgenommen sind Liftkabel, Kabel innerhalb von Maschinen und Kabel zur Verwendung in industriellen Anlagen.

Die BauPVO definiert die Bedingungen für die CE-Kennzeichnung und verlangt eine Leistungserklärung (**DoP**) des Herstellers über die wesentlichen Produktmerkmale, z.B.

- Festlegung für Kabel und Leitungen nach BauPVO in **Brandklassen** (**Euroklassen** A_{ca} bis F_{ca} (ca: cable)) laut DIN EN 13501-6.
- Definition der Eigenschaften hinsichtlich der **Brandsicherheit**, z. B. Flammausbreitung, Wärmeentwicklung.
- Kennzeichnung in
  - Klasse A_{ca}: Nichtbrennbarkeit
  - Klassen $B1_{ca}$ bis F_{ca}: weisen zunehmende Brennbarkeit aus (vgl. Tabelle)
- Zusätzliche Angaben über folgende Merkmale (niedrigere Zahl: bessere Eigenschaft):
  - Rauchentwicklung und Rauchdichte: **s**1 bis **s**3 (**s**moke)
  - Brennende Tropfen: **d**0 bis **d**2 (**d**roplets)
  - Säurebildung und Korosivität: **a**1 bis **a**3 (**a**zidität: Säuregehalt)

Klasse	Klassifizierungskriterien
A_{ca}	PCS ≤ 2,0 MJ/kg
$B1_{ca}$	FS ≤ 1,75 m; brennendes Abtropfen/Abfallen; Peak HRR ≤ 20 kW; H ≤ 425 mm
$B2_{ca}$	FS ≤ 1,5 m; brennendes Abtropfen/Abfallen; Peak HRR ≤ 30 kW; H ≤ 425 mm
C_{ca}	FS ≤ 2,0 m; brennendes Abtropfen/Abfallen; Peak HRR ≤ 60 kW; H ≤ 425 mm
D_{ca}	$THR_{1200\,s}$ ≤ 70 MJ; brennendes Abtropfen/Abfallen; FIGRA ≤ 1300 Ws^{-1}; H ≤ 425 mm
E_{ca}	H ≤ 425 mm
F_{ca}	H ≤ 425 mm

FIGRA: **Fi**re **Gr**owth **R**ate (Index der Wärmefreisetzungsrate in W/s)
FS: **F**lame **S**pread (vertikale Flammausbreitung in m)
H: Flame Spread (vertikale Flammausbreitung in m)
HRR: **H**eat **R**elease **R**ate (maximale Wärmefreisetzungsrate in kW)
PCS: **P**ouvour **C**alorique **S**upérieur (Brutto-Verbrennungswärme in MJ/kg)
THR: **T**otal **H**eat **R**elease (Gesamt-Wärmefreisetzung in MJ)

Das **CE-Kennzeichen** und die **Brandverhaltensklasse** müssen gut sichtbar, leserlich und dauerhaft auf dem Produktetikett angebracht sein.

CE-Kennzeichnung:

Das **CE-Kennzeichen** muss gut sichtbar, leserlich und dauerhaft auf dem Produktetikett angebracht sein. Das Produktetikett muss auf Ringen, Spulen oder Trommeln befestigt sein.

Beispiel:

Herkunft, **Beschreibung** und **Brandverhaltensklasse** müssen auf dem Kabel oder der Verpackung oder dem Etikett aufgebracht sein.

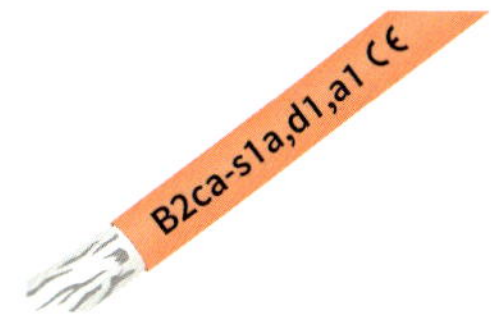

Beispiele:

- Mantelleitung NYM: E_{ca}
- Halogenfreie Mantelleitung NHXMH: $B2_{ca}/C_{ca}/D_{ca}$
- Erdkabel NYCY: E_{ca}
- Industriekabel N2XSY: E_{ca}
- Halogenfreies Kabel N2XH: $B2_{ca}/C_{ca}$

In folgender Tabelle sind Beispiele der Zuordnung von Gebäudearten und entsprechenden Euroklassen angegeben.

- Die Bauproduktenverordnung soll vorbeugend Unfälle durch Brände verhindern.
- Die Euroklassen von A bis F für Kabel und Leitungen kennzeichnen in aufsteigender Intensität die Gefährdung durch Rauch und Flamme.

Klasse	Gebäudeart	Euroklassen für	
		Gebäude	Fluchtwege im Gebäude
1	Freistehende Gebäude, Höhe ≤ 7 m Fläche ≤ 400 m²	E_{ca}	–
4	Sonstige Gebäude, Höhe ≤ 13 m Fläche ≤ 400 m²	E_{ca}	$B2_{ca}$ s1 d1 a1
S[1]1	Hochhäuser Höhe > 22 m	C_{ca} s1 d2 a1	C_{ca} s1 d2 a1
S4	Verkaufsstätten, Fläche > 800 m²	C_{ca} s1 d2 a1	$B2_{ca}$ s1 d2 a1
S5	Büroräume, Fläche > 400 m²	C_{ca} s1 d2 a1	$B2_{ca}$ s1 d2 a1
S10	Krankenhäuser	$B2_{ca}$ s1 d1 a1	$B2_{ca}$ s1 d1 a1
[2]	Industriegebäude	C_{ca} s1 d2 a1	$B2_{ca}$ s1 d1 a1

[1] Buchstabe **S**: **S**onderbauten
[2] Zuordnung durch Kabelindustrie

Sachwortverzeichnis

A

B

C

D

E

F

G

H

I

K

L

M

N

O

P

R

S

Bildquellenverzeichnis

|ABB STOTZ-KONTAKT GmbH, Heidelberg: 19.4, 25.1, 56.1, 63.1. |ALBRECHT JUNG GMBH & CO. KG, Schalksmühle: 19.5, 19.6. |BC GmbH Verlags- und Medien-, Forschungs- und Beratungsgesellschaft, Ingelheim: 44.2. |Bender GmbH & Co. KG, Grünberg: 28.2. |C. & E. FEIN GmbH, Schwäbisch Gmünd-Bargau: 20.1. |CHAUVIN ARNOUX GmbH, Kehl: 36.2. |DEHN SE, Neumarkt: 10.4, 87.2. |DIN Media GmbH, Berlin: 1.3, 1.4, 1.5, 1.6, 1.7, 1.8, 1.10, 1.11, 1.12, 1.13, 1.14, 1.15, 1.16, 1.17, 1.18, 1.19, 1.20, 1.21, 1.23, 1.24, 1.25, 1.26, 1.27, 1.28, 1.29, 1.31, 1.32, 1.33, 1.34, 1.35, 1.36, 3.1, 3.2, 3.3, 3.4, 3.5, 3.6, 3.7, 3.8, 3.9, 3.10, 3.11, 3.12, 3.13, 3.14, 3.15, 3.16, 3.17, 3.18, 3.19, 3.20, 3.21, 3.22, 3.23, 3.24, 3.25, 3.26, 3.27, 3.28, 3.29, 3.30, 3.31. |Druwe & Polastri, Cremlingen/Weddel: 14.1, 17.8, 67.3, 72.1, 76.2, 93.5. |Eaton Industries GmbH, Bonn: 17.6, 17.7. |Edelrid GmbH & CO. KG, Isny i. Allgäu: 49.1. |Europäische Kommission, Berlin: 96.1. |fotolia.com, New York: Christian Schwier 84.1; Henrie 12.7; industrieblick 44.4, 44.5; kurt_kreibich 44.3; photo 5000 71.5; Zagler, Thomas 12.3. |Gossen Metrawatt GmbH, Nürnberg: 35.2, 38.2, 40.3. |Günther Spelsberg GmbH + Co. KG, Schalksmühle: 14.3, 71.4, 72.2. |Gustav Hensel GmbH & Co. KG, Lennestadt: 71.1, 82.3. |hager.de, Blieskastel: 19.1, 83.1. |Harvia Group: 76.1, 76.3, 76.4. |Helukabel GmbH, Hemmingen: 59.1, 59.2, 59.3, 59.5, 61.1, 61.2, 61.3, 61.4, 61.5, 61.6, 61.7. |iStockphoto.com, Calgary: Dizgalvis, Zigmunds 78.2. |Jagla, Dieter, Neuwied: 7.2. |Lithos, Wolfenbüttel: 1.1, 1.2, 1.9, 1.22, 1.30, 2.1, 6.1, 7.1, 7.3, 7.3, 7.4, 8.1, 8.2, 8.3, 9.1, 9.2, 9.2, 9.3, 10.1, 10.2, 11.1, 12.1, 12.2, 12.4, 12.5, 12.6, 13.1, 13.2, 13.3, 13.4, 14.2, 15.1, 15.2, 15.2, 16.1, 16.1, 16.3, 16.4, 17.1, 17.2, 17.3, 17.4, 18.1, 18.2, 19.2, 19.2, 19.3, 20.2, 20.3, 20.4, 21.2, 21.2, 21.4, 22.1, 22.1, 22.4, 23.1, 23.2, 24.1, 24.1, 24.2, 24.2, 25.2, 25.3, 25.3, 26.1, 26.2, 27.1, 27.1, 27.2, 27.2, 27.3, 27.3, 27.4, 28.1, 28.1, 28.3, 29.1, 29.1, 30.1, 30.2, 30.3, 30.4, 30.4, 31.1, 31.2, 31.3, 31.3, 32.1, 32.1, 32.2, 32.3, 32.3, 33.1, 34.2, 34.3, 35.1, 35.1, 35.3, 36.1, 36.1, 36.3, 37.1, 37.1, 37.2, 38.1, 38.1, 38.3, 39.1, 39.2, 39.3, 39.4, 40.1, 40.1, 40.2, 40.2, 40.4, 41.1, 41.1, 41.2, 41.2, 41.3, 41.4, 42.2, 44.1, 45.1, 45.3, 45.3, 45.5, 45.5, 46.1, 46.2, 46.2, 46.3, 46.4, 46.4, 48.1, 48.2, 48.3, 49.2, 49.3, 50.1, 50.2, 50.3, 50.4, 51.1, 51.2, 51.4, 51.5, 52.1, 53.6, 53.7, 54.7, 55.1, 55.2, 56.2, 56.3, 56.4, 57.1, 57.1, 57.2, 57.3, 58.1, 58.2, 59.4, 59.6, 60.1, 60.2, 61.8, 62.1, 62.2, 63.2, 63.3, 64.1, 65.1, 65.2, 65.3, 65.4, 65.5, 66.1, 66.2, 66.2, 66.3, 66.4, 67.1, 67.2, 68.1, 68.2, 69.2, 69.3, 70.1, 70.2, 70.3, 71.2, 71.3, 71.6, 71.7, 72.3, 72.4, 72.5, 72.6, 73.1, 73.2, 74.1, 74.2, 75.1, 75.2, 75.3, 75.4, 76.5, 76.6, 77.1, 77.2, 78.3, 78.4, 78.5, 78.6, 78.7, 78.8, 79.1, 79.2, 79.3, 79.4, 79.5, 79.6, 79.7, 80.1, 80.2, 81.1, 81.3, 82.1, 82.2, 83.2, 83.3, 83.4, 84.2, 84.3, 84.3, 85.1, 85.2, 85.2, 85.3, 86.1, 86.2, 86.2, 87.1, 87.3, 88.1, 88.2, 89.1, 89.2, 89.3, 89.4, 89.5, 89.6, 89.7, 89.8, 89.9, 89.10, 89.11, 89.12, 89.13, 89.14, 89.15, 89.16, 89.17, 90.1, 90.2, 90.3, 91.2, 91.2, 92.1, 92.1, 92.2, 92.2, 92.3, 92.4, 92.5, 93.1, 93.1, 93.2, 93.3, 93.3, 93.4, 94.1, 94.2, 95.3, 95.4, 96.2, 97.1, 97.2. |Megger GmbH, Aachen: 34.1. |Müller Plastik GmbH, Wipperfürth: 21.1, 21.3. |pro-akkus e.K., Seevetal: 47.1. |R. STAHL Schaltgeraete GmbH, Waldenburg: 81.2. |REO AG, Kyritz: 14.4, 16.2. |Shutterstock.com, New York: 3DMI 51.3; a_v_d 10.3; Aleksandr, Matveev 22.2; Andrey_Popov 42.1; Gorodenkoff 45.4; Ostranitsa Stanis 17.5; OzCameraman 69.1; PattyPhoto 45.2; Tanasan Sungkaew 11.2. |Siemens AG, München: 14.5, 53.1, 53.2, 53.3, 53.4, 53.5, 54.1, 54.2, 54.3, 54.4, 54.5, 54.6, 78.1, 91.1, 95.1, 95.2. |stock.adobe.com, Dublin: gjp311 Titel. |Thalheimer Transformatorenwerke GmbH, Thalheim: 22.3.